Gerhard O. W. Fischer

Polizeiboote und Schiffe der Küstenwache

Der Selbstbau als RC-Schiffsmodell

Polizeiboote und Schiffe der Küstenwache

Der Selbstbau als RC-Schiffsmodell

Gerhard O. W. Fischer

Verlag für Technik und Handwerk neue Medien GmbH
Baden-Baden

vth-Fachbuch
Best.-Nr.: 310 2232

Redaktion: Oliver Bothmann
Lektorat: Alfred Klüß

Bibliografische Information der Deutschen Nationalbibliothek
Die Deutsche Nationalbibliothek verzeichnet diese Publikation in der Deutschen Nationalbibliografie; detaillierte bibliografische Daten sind im Internet über http://dnb.d-nb.de abrufbar.

ISBN 978-3-88180-447-9
1. Auflage 2013 by Verlag für Technik und Handwerk neue Medien GmbH
Postfach 22 74, 76492 Baden-Baden

Printed in Germany
Druck: Griebsch & Rochol Druck GmbH, Hamm

Inhaltsverzeichnis

Vorwort 7

Die Aufgaben der Küstenwache 8

Besuch auf der *Albatros II* 14

RC-Modell *Albatros I* 25

Umgebaute Küstenwachboote 29

Modelle der U.S. Coast Guard 38

Polizeiboot W 4 43

Polizei- oder Küstenwachboot 53

Polizei- und Küstenwachboot *Sylt* 61

Ein Polizeiboot nach eigenem Entwurf 104

Ein Lotsenboot 117

Stromaufsichtsboot *Bussard* 127

Schlusswort 136

Quellenverzeichnis 138

Vorwort

RC-Schiffsmodellbauer bevorzugen bei der Auswahl ihrer Schiffsmodelle meist eine bestimmte Sparte von Schiffstypen. Einige begeistern sich für Arbeitsschiffe wie z. B. Schlepper, andere bauen meist schicke Motoryachten und wieder andere stehen auf Marineschiffe. Dann gibt es noch die Rennspezies, die es gerne schnell haben möchten. Bei ihnen kommen nur Rennboote in Frage.

In letzter Zeit ist festzustellen, dass sich eine neue Gruppe von Schiffsmodellbauern etabliert hat, die sich besonders für Modelle staatlicher Organe interessieren. Dazu gehören Polizei-, Zoll-, Küstenwach-, Lotsenversetz- und Stromaufsichtsboote. Die Modellbaufirmen haben das erkannt und brachten in letzter Zeit einige Baukästen dieser Sparte von RC-Schiffsmodellen auf den Markt. In dieser Gruppe stechen besonders die Polizeiboote und Schiffe der Küstenwache heraus, die schon alleine durch ihr technisches Aussehen Modellbauer begeistern. Hinzu kommt, dass diese Schiffstypen mit Sonderfunktionen ausgestattet werden können, wie beim Starmodell der Firma robbe, dem Polizeiboot und Küstenwachschiff *Sylt* gezeigt, das ich im Kapitel „Polizei- und Küstenwachboot *Sylt*" in einem ausführlichen Baubericht vorstelle. Dieses Modell gehört m. E. zu den vorbildtreuesten, schönsten und ansprechendsten RC-Schiffsmodellen, die aus Bausätzen der Modellbauindustrie je gebaut werden konnten. Aber auch ein Lotsenboot und ein Stromaufsichtsboot lassen sich aus Baukästen der Firma robbe aufbauen, sehr zur Freude vieler Modellbauer. Tauchen diese Modelle auf den Modellbootteichen auf, ist das Interesse der anderen Modellbauer und Spaziergänger groß. Auch ich gehöre u. a. zu den Modellbauern die diese Sparte von RC-Schiffsmodellen bevorzugen und hoffe durch dieses Buch noch mehr neue Freunde für diesen Bereich der RC-Schiffsmodelle zu begeistern. Ich kann mir sehr gut vorstellen, dass die Begeisterung, ein Schiff der Küstenwache selbst aufzubauen sehr stark ansteigen wird, wenn die Leser meine Beschreibung des Modells des Küstenwachbootes *Sylt* gelesen und die fantastischen Fahrbilder gesehen haben. Was macht diese Modelle so beliebt? Das liegt wohl hauptsächlich am technischen Aussehen dieser Schiffe, z. B. den interessanten Aufbauten und Masten, der Farbgebung und den interessanten Dekors. Auch die Fahrbilder eines solchen Modells können sich sehen lassen, da die Maschinenanlagen besonders stark sind und man alle möglichen Effekte als Sonderfunktionen verwirklichen kann, wie beispielsweise blinkende Blaulichter, eine heulende Sirene und eine Bordbeleuchtung. An weitere Sonderfunktionen kann gedacht werden, wenn das Modell eine bestimmte Größe hat, wie eben das Modell *Sylt* der Firma robbe. Bevor man sich jedoch an den Bau der *Sylt* wagt, sollte man mit einem kleineren Boot beginnen, etwa dem Polizeiboot *W 4* von robbe, wie im Kapitel „Polizeiboot *W 4*" beschrieben. Außerdem gibt es die Möglichkeit, Polizeiboote zu Küstenwachbooten auszubauen, oder sie selbst zu entwerfen und im Eigenbau herzustellen, wie in den „Kapiteln Umgebaute Küstenwachboote" und „Ein Polizeiboot nach eigenem Entwurf" gezeigt.

Gerhard O. W. Fischer

Die Aufgaben der Küstenwache

Wer die beliebte Fernsehserie des Zweiten Deutschen Fernsehens „Die Küstenwache“ sieht oder einmal gesehen hat, die stets an jedem Mittwoch im Vorabendprogramm von 19.25 bis 20.15 Uhr gezeigt wird, weiß, dass die Bundespolizei, der Zoll, der Fischereischutz und andere Organisationen zur Küstenwache zusammengeschlossen sind.

Begonnen haben die Sendungen des ZDF seinerzeit mit dem Küstenwachboot *BG 14 Albatros* (Filmnamen), mit richtigem Namen *Duderstedt*. Die *Albatros* gehörte damals noch zum Bundesgrenzschutz See, daher die Abkürzung BG vor der Nummer 14. Seit dem Fall der Mauer wurden alle Boote des Bundesgrenzschutzes See von der Bundespolizei übernommen und haben daher jetzt BP vor den Bootsnummern stehen. Auch seitlich an dem Aufbau der Kommandobrücke wurde die Bezeichnung Bundesgrenzschutz-See in Bundespolizei geändert. Nicht geändert haben sich dagegen die Aufgaben der Küstenwache.

Brückenaufbau der alten verkauften Albatros.

Aufbauten hinter der Brücke der Albatros.

Mit Küstenwache werden all die Organisationen des Bundes bezeichnet, die im Bereich des maritimen Umweltschutzes, der Sicherheit des Schiffsverkehrs, des polizeilichen Grenzschutzes, des Zolls sowie des Fischereischutzes auf Nord- und Ostsee tätig sind. Die Küstenwache ist ein Koordinierungsverbund der Vollzugskräfte des Bundes auf See.

Das „Küstenwachzentrum Nordsee" koordiniert von Cuxhaven aus den Einsatz im Seegebiet vor der deutschen Nordseeküste. Für den Ostseeküstenabschnitt erfolgt die Einsatzkoordinierung durch das „Küstenwachzentrum Ostsee" in Neustadt in Holstein. Kennungsmerkmale aller in der Küstenwache eingesetzten Schiffe und Boote ist der Schriftzug *Küstenwache* an beiden Seiten der Bordwände, sowie die schwarz-rot-gelbe Kennzeichnung durch schräg stehende Streifen am Bug zu beiden Seiten der Bordwände und das Wappenschild am Aufbau bzw. an der Kommandobrücke. Allerdings sind nicht alle Boote mit den Streifen und dem Wappen ausgerüstet. Da jedoch gerade diese farbigen Embleme an der Bordwand und der Brücke das Gesamtbild interessanter machen, werden sie von den Modellbauern gern angebracht.

Das Wappen der Küstenwache.

Im Einsatz sind drei ältere Boote:
BP 21 Bredstädt
BP 22 Neustrelitz

Neu hinzugekommen sind drei moderne Boote:
BP 24 Bad Bramstedt
BP 25 Bayreuth
BP 26 Eschwege

BG 21 Bredstedt noch mit der alten Bezeichnung Bundesgrenzschutz-See.

BP 22 Neustrelitz, die heutige Albatros II aus der ZDF Serie Küstenwache.

Modell der BG 24 Bad Bramstedt noch mit alter Bezeichnung Bundesgrenzschutz.

Küstenwachboote BP 24 Bad Bramstedt und BP 25 Bayreuth in Fahrt. (Werftfoto: SMM-Ausstellung, Hamburg)

Wie schon gesagt, unterliegen auch die Zollaufgaben der Küstenwache. So überwachen die schnellen Zollkreuzer, die mit Tochterbooten ausgerüstet sind, den Warenverkehr über die Grenzen des Zollgebietes der Europäischen Union und sichern die Erhebung von Ein- und Ausfuhrabgaben. Ferner werden die bestehenden Verbote und Beschränkungen im Warenverkehr, insbesondere im Hinblick auf Drogen, Sprengstoffe und Kriegswaffen, überwacht.

Ebenso gehört der Fischereischutz zu den Aufgaben der Küstenwache. Auf diesem Sektor liegt die Zuständigkeit bei der Bundesanstalt für Landwirtschaft und Ernährung. Hierfür stehen vier Schiffe für den Fischereischutz zur Verfügung. Als Hauptaufgaben sind hier die Überwachung von Fangbereichen, Fangausrüstungen und Fangquoten sowie die Ahndung festgestellter Verstöße zu nennen.

Außerdem gehört der maritime Umweltschutz zu den Aufgaben der Küstenwache. Die Fahrzeuge der Küstenwache überwachen im Rahmen der allgemeinen Vorsorge die Seegebiete, insbesondere im Hinblick auf Verschmutzung des Wassers mit Schadstoffen. Die Fahrzeuge werden dabei von den Schadstoff-Überwachungsflugzeugen der Bundesmarine unterstützt, deren Einsatz mit den Küstenwachzentren abgestimmt wird. Für diese Aufgabe hält die Wasser- und Schifffahrtsverwaltung des Bundes (WSV) Mehrzweckflugzeuge mit u. a. besonderen Schadstoff- und Feuerbekämpfungseinrichtungen vor.

Zollkreuzer Glückstadt der Küstenwache.

Modell des Fischereischutzbootes Seeadler.

Zur Aufgabe der WSV gehört es auch, für einen sicheren Verkehrsweg und für die Sicherheit des Verkehrs zu sorgen. Das Tätigkeitsfeld erstreckt sich dabei über den Schutz des Zustandes der Bundeswasserstraßen, das Setzen und Betreiben von Seezeichen, das Beseitigen von Schifffahrtshindernissen bis hin zur Verkehrsüberwachung. Für diese Aufgaben sind Stromaufsichtsboote im Einsatz, die vom Wasserwirtschaftsamt zur Gewässerkontrolle eingesetzt werden. Ein solches Boot ist die *Bussard*, die auf den Wasserstraßen des Ruhrgebietes im Einsatz ist. Ihre Aufgabe ist die Gewässerkontrolle im Rahmen des Umweltschutzes, Vermessung von Strömungsgeschwindigkeiten, Überprüfung und Instandhaltung von Fahrwassermarkierungen.

Modellbauer haben die Möglichkeit das Stromaufsichtsboot *Bussard* als Modell im Maßstab 1:20 aus einem Baukasten der Firma robbe aufzubauen (Bestellnummer: 11 93). Die Beschreibung erfolgt im Abschnitt 11. Da auch Lotsenversetzboote zum festen Bestand eines Hafens gehören, habe ich im Kapitel „Ein Lotsenboot“ den Bau eines solchen Bootes beschrieben.

Besuch auf der *Albatros II*

Da vor einigen Jahren, wie andere Länder auch, Bulgarien nach deutschem Vorbild eine Küstenwache aufbauen wollte, wurde die *Albatros I* nach Bulgarien verkauft und fährt heute im Schwarzen Meer Streife. Demnach musste für die ZDF-Filmserie ein neues Boot gefunden werden und das ist die *BP 22 Neustrelitz*. Manchmal, wenn das Boot für andere Zwecke benötigt wird, übernimmt die *BP 23 Bad Düren* die Aufgabe der *Albatros II*.

Ich hatte Gelegenheit, dieses Schiff in seinem Heimathafen Neustadt in Schleswig Holstein zu besuchen und konnte viele Aufnahmen vom Schiff und auch vom Inneren des Schiffes machen, die ich meinen Lesern hier vorstellen möchte. Die *Albatros II* machte einen gewaltigen Eindruck auf mich und trug dazu bei, mein Interesse für Küstenwachschiffe noch wesentlich zu verstärken.

BP 22 Albatros II an der Anlegestelle im Hafen von Neustadt in Holstein.

Blick auf die Steuerbordseite mit dem Beiboot.

Seitliche Ansicht des Brückenaufbaus Steuerbord.

Das Wappen auf den Schornsteinen und dem Beiboot.

Bugansicht der Albatros II.

▲ Seitliche Ansicht des Brückenaufbaus an Backbord.

◄ Der gewaltige Mast mit den Radarantennen.

Das Heck der Albatros II.

Der Aufbau achtern mit Kran.

Die Ansicht mittschiffs mit ausgelenktem Kran.

Der Dieselmotor im Maschinenraum.

Die Heckansicht des Beibootes mit Jet-Antrieb.

Die Ausstoßdüse des Jet-Antriebs mit Rückfahrklappe.

▲ Vorderansicht des Beibootes.

◀ Das Beiboot am Bootshaken.

Während meines Besuches im Lagezentrum der Küstenwache kam ich mit meinem Begleiter auf die ZDF-Sendereihe zu sprechen und fragte den Beamten, der mich herumführte, wie realistisch die einzelnen Fernsehfolgen gedreht sind. Er meinte, dass es in Wirklichkeit wesentlich ruhiger zugeht als in den im Film gezeigten Action-Szenen. Aber davon lebt ja der Film. Viele Aufnahmen, besonders die aus dem Brückenhaus, werden im Filmstudio gedreht, wo ein solches Brückenhaus komplett aufgebaut ist. Die neue *Albatros II* ist wesentlich größer als die alte *Albatros I*. Bei meinem Besuch an Bord konnte ich mir alles genau ansehen. Besonders beeindruckt hat mich die Ausrüstung mit technischen Geräten. Angetrieben wird die *BP 22 Neustrelitz* von zwei MTU-Hauptdieselmotoren von je 2.900 kW. Damit erreicht sie eine Höchstgeschwindigkeit von 24 Knoten. Ferner besteht die Möglichkeit auf diesel-elektrischen Betrieb mit einer Leistung von 500 kW/680 PS umzustellen. Damit wird eine Höchstgeschwindigkeit von 10 Knoten erreicht. Der Antrieb der beiden Beiboote erfolgt mit Jet-Antrieben. An den beiden Schornsteinen prangt das Wappen der Küstenwache. Für mich ein willkommener Anlass dieses Wappen zu fotografieren, mit dem Hintergedanken, es im Computer für meine Modelle herzustellen. Daher sind fast alle meine Küstenwachmodelle mit dem Wappen der Küstenwache ausgerüstet.

Technische Daten der BP 22 Neustrelitz:	
Länge:	48,90 m
Breite:	8,65 m
Tiefgang:	2,45 m
Verdrängung:	428 BRZ
Besatzung:	14 Beamte/innen
Antrieb:	Hauptdieselmotor MTU 12V 595 TE90: 2×2.900 kW
	Höchstgeschwindigkeit: 24 kn
	Dieselelektroantrieb: 500 kW / 680 PS
	Höchstgeschwindigkeit: 10 kn
Baujahr:	1988, umgebaut: 1992/1993
Umbauwerft:	Peene Werft Wollgast

Der Stuhl des Kommandanten in der Brücke.

Die Kommandobrücke im Inneren des Bootes.

Die Geräte im Inneren der Brücke.

Weitere Geräte im Brückenaufbau.

Monitor des Radargerätes.

RC-Modell *Albatros I*

Als noch die *Albatros I* im Einsatz war, nahm ich mir vor, dieses Schiff als RC-Modell aufzubauen. Leider gab es damals weder einen Baukasten noch Baupläne, um meinen Wunsch zu verwirklichen. Also musste improvisiert werden. Etwa zur gleichen Zeit erschien im Conrad-Modellbaukatalog ein Baukasten eines britischen Herstellers unter dem Namen *Trucker*. Bei einer Länge von 1.200 mm und einer Breite von 375 mm handelte es sich um ein größeres Modell, das sich sehen lassen konnte. Für mich stand fest, den Baukasten zu erwerben und daraus ein Semiscale-Modell der *Albatros I* zu machen, da die *Trucker* ein detailgetreuer Nachbau eines Patrouillenbootes der britischen Küstenwache im Maßstab 1:25 war. Ich brauchte sie also nur zu einem deutschen Küstenwachschiff umfunktionieren.

Modell der Albatros I als Semiscale-Modell aus einem britischen Bausatz aufgebaut.

Frontansicht der Albatros I.

Ansicht von achtern.

Brückenaufbau des Modells im Maßstab 1:25.

Ein Fernsehteam macht Aufnahmen für das ZDF.

Polizeiboot W 3,
Ansicht von achtern.

Kommandobrücke
von W 3.

Küstenwachboot WSP 10.

WSP 10, Ansicht von achtern.

ren Abmessungen von 550 mm, 150 mm und 230 mm war die *WSP 10* etwas kleiner als die *W 3*. Auch hier wurden nach Fertigstellung nur noch die Schriftzüge *WSP 10 Polizei* und *Küstenwache* sowie die schwarz-rot-gelben Streifen angebracht.

Da ja auch der Zoll zur Küstenwache gehört, baute ich aus dem Baukasten *Thor* von Simprop einen Zollkreuzer auf. Bei einer Länge von 1.000 mm, einer Breite von 260 mm und einer Höhe von 300 mm sowie einer Verdrängung von 5.500 g, war das Modell ein ganz schöner Brocken. Auch hier wurden die Embleme der Küstenwache angebracht, nur mit dem Unterschied, dass anstatt des Schriftzuges *Polizei* der Schriftzug *Zoll* von der Brücke prangte.

Jetzt fehlte in meiner Flotte von Küstenwachschiffen nur noch ein Fischereischutzboot. Und dieses entstand aus dem Baukasten *Sentinel* der Firma Krick. Als Vorbild für die *Sentinel* diente der britische Zollkreuzer *HMCC Sentinel* der Island-Klasse. Ich baute das Modell zu einem deutschen Fischereischutzboot aus.

Auf Modellbauausstellungen werden von Händlern oft Schnäppchen angeboten. Als ich vor einiger Zeit die Hamburger Modellbautage besuchte, war auch ich auf Schnäppchensuche, hatte jedoch genaue Vorstellungen von meinem Schnäppchen. Es sollte ein GFK-Rumpf sein, etwa einen Meter lang, um ein eigenes Vorhaben in die Tat umzusetzen. Es dauerte nicht lange und ich fand mein Schnäppchen in Form eines schnittigen GFK-Rumpfes, etwa einen Meter lang mit einigen Zutaten aus ABS für das Cockpit. Genau das Richtige, was ich wollte.

▼ Der Zollkreuzer in Fahrt aus einer Kurve kommend.

Zollkreuzer der Küstenwache ZB 23.

Der Zollkreuzer im Einsatz.

Modell des Fischereischutzbootes BG 34.

Das Fischereischutzboot in Fahrt.

Modell eines Wasserschutzpolizeibootes.

Ansicht von achtern des Polizeibootes.

Das Modell in Fahrt.

Der Einsatzbefehl ist gekommen, da geht die Post ab!

Begegnung auf See von zwei Küstenwachbooten.

Zu Hause angekommen, stellte ich fest, dass es sich um den Rumpf der *Miami* handelt, einem Modell der ehemaligen Schaffer-Werft. Ich hatte vor, wie konnte es anders sein, daraus ein schnittiges Boot der Hamburger Wasserschutzpolizei, so eben mal schnell zum Fahren, zu bauen.

Die Aufbauten, die hauptsächlich aus einem offenen Fahrstand und einem Radarmast bestehen, sind aus ABS-Platten hergestellt. Ein Radargerät, Signalhorn, Scheinwerfer, eine Antenne und ein Flaggstock kamen hinzu.

Das Modell entspricht etwa dem Maßstab 1:15. Schlank, schnittig und schnell sieht es aus. Und wie es fährt, zeigen die Fahraufnahmen. Ich glaube, die Hamburger Wasserschutzpolizei wäre sehr froh, ein solches Boot im Original zu besitzen.

Abmessungen des Modells:
Länge: 1.060 mm
Breite: 220 mm
Höhe: 300 mm

Modelle der U.S. Coast Guard

Eine Küstenwache gibt es nicht nur in Deutschland. Fast jedes Land, das an einem Meer liegt, betreibt eine Küstenwache. Gemäß der Größe der USA hat die U.S. Coast Guard (USCG) eine ganze Flotte von Küstenwachschiffen. Zur USCG zählen 37.000 Seeleute, davon 3.000 Frauen, 146 Patrouillenboote, 11 Eisbrecher, 136 Hubschrauber und 73 Starrflügelflugzeuge.

Vor einiger Zeit besuchte das amerikanische Küstenwachschiff *912 Legare* die Bundesrepublik. In Friedenszeiten untersteht die USCG dem U.S.-Verkehrsministerium, im Kriege dagegen dem Hauptquartier der U.S.-Navy. Die Besatzung der *Legare* besteht aus 102 männlichen und weiblichen Seeleuten. Für den Fall der Fälle ist das Schiff mit einer 76-mm-Schnellfeuerkanone, zwei schweren Maschinengewehren,

US Coast Guard Legare 912 zu Besuch im Kieler Hafen anlässlich der Kieler Woche.

Modell US Coast Guard SAR 33.

Das Modell Coast Guard SAR 33 in Fahrt.

Die SAR 33 aus einer Kurve kommend.

Modell MZB-Lehmar 1000-P15 der US Coast Guard.

Die MZB-Lehmar in Fahrt.

Blick in die technische Ausrüstung der MZB-Lehmar.

einem Hubschrauber und mehreren schnellen Motorbooten ausgerüstet. Für Such- und Rettungseinsätze ist jede Menge Elektronik vorhanden. Pro Jahr verbringt das Schiff etwa 165 Tage auf See. Sein Einsatzgebiet ist der Atlantik, die Karibik und der Golf von Mexiko. Die *Legare* ist 83,3 m lang, 11,6 m breit und hat einen Tiefgang von 4,2 m. Das Schiff verdrängt 1.825 Tonnen.

Auch von amerikanischen Küstenwachbooten gab es zwei Bausätze, die – wenn man Glück hat, heute noch im Internet angeboten werden. Das ist einmal die *Coast Guard SAR 33* von robbe und die *Coast Guard MZB-Lehmar* 1000-P15, ebenfalls von robbe.

Polizeiboot W 4

Alle weiter oben beschriebenen Modelle wurden aus Bausätzen aufgebaut, die es heute nur noch selten gibt. Allerdings findet man sie oft noch im Internet. Ich gehe daher im Folgenden auf Küstenwachboote ein, die noch längere Zeit im Programm der Modellbaufirmen sind, z. B. das Polizeiboot *W 4* von robbe. Das von den robbe-Ingenieuren entworfene Polizeiboot *W 4* ist im Maßstab 1:50 konzipiert und hat kein direktes Vorbild. Es ist ein vorbildähnliches Modell eines Polizeibootes.

Im Lieferumfang des Baukastens sind enthalten: der Rumpf aus tiefgezogenem ABS-Kunststoff sowie das Deck, das Schanzkleid, die Aufbauten und Kleinteile ebenfalls aus tiefgezogenem ABS-Kunststoff, CNC-gefräste Kunststoffteile für Antrieb und RC-Einbau, Mast und Kleinteile, Elektromotor der Baugrö-

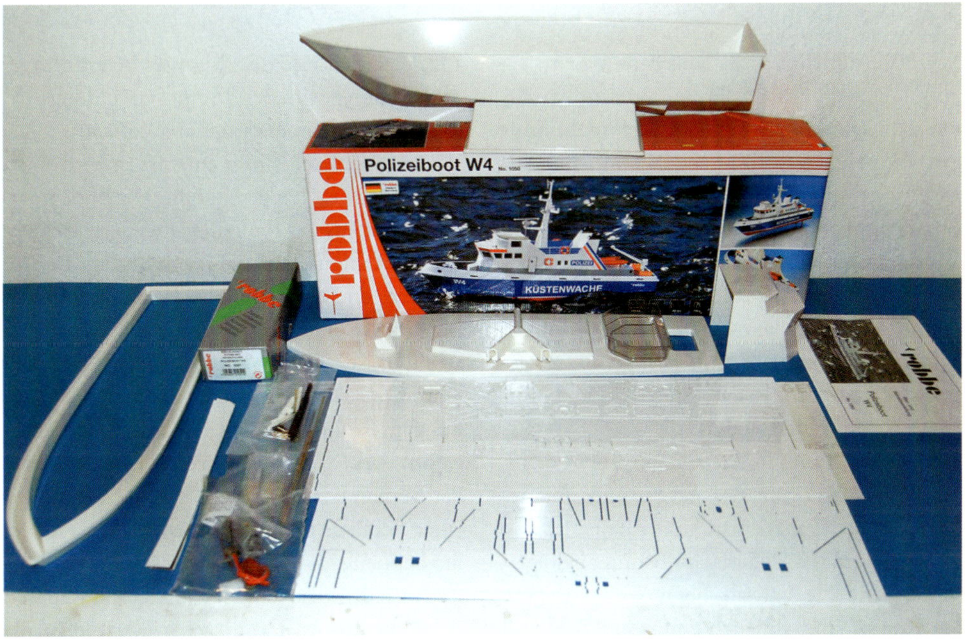

Bausatz des Polizeibootes W 4.

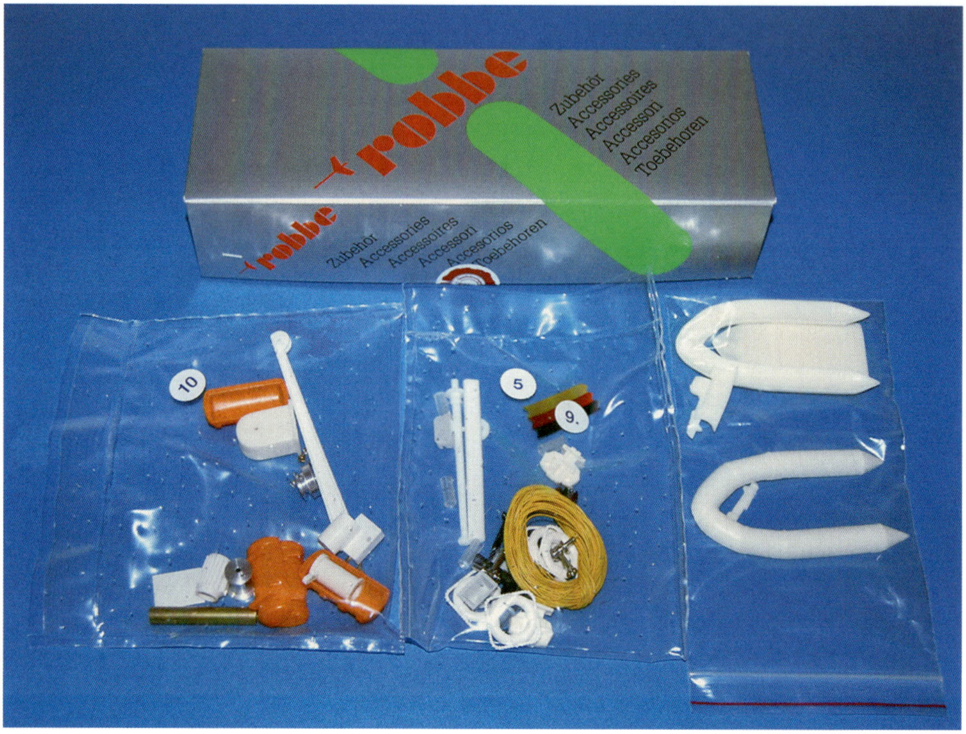

Bauteile des Beschlagsatzes.

ße 400, Schiffswelle mit Stevenrohr, Zentrierkupplung, Schiffspropeller mit 30 mm Durchmesser, Kleinteile für die Montage, mehrfarbiger Dekorbogen, ausführliche Bauanleitung mit vielen Zeichnungen und Abbildungen sowie ein Bootsständer aus ABS.

Zusätzlich wird noch der Beschlagsatz benötigt, in dem sich alle erforderlichen Ausschmückungsteile befinden wie Relingstützen, Schlauchboot, Kran, Rettungsringe, Rettungsinseln, Nebelhorn, Radar, Ankerwinde, Glühlampen und weitere Teile.

Begonnen wird mit dem Bohren der Löcher für die Durchführung des Stevenrohres und des Ruderkokers. Danach wird in der Bauanleitung ein Trick verraten, den man unbedingt befolgen sollte, denn die Vorteile beim Weiterarbeiten am Rumpf sind einleuchtend. Und zwar soll der Bootsständer mit doppelseitigem Klebeband auf der Unterseite des Rumpfes befestigt werden. Dadurch wird der Rumpf verwindungssteif und es lässt sich besser daran arbeiten.

Nachdem der Motor entstört ist wird er am Motorspant 1.11 angeschraubt. Die Bodenplatte 1.19 ist aus der Bauteileplatte zu schneiden, an den Kanten planzuschleifen und im Rumpf einzupassen. Nachdem die Kupplung an der Motorwelle und der Antriebswelle lose festgeschraubt ist, wird die Antriebseinheit mit dem Stevenrohr von innen durch die Stevenrohröffnung im Rumpf geschoben und der Motorspant so platziert, dass er gleichzeitig in die Schlitze der Bodenplatte passt. Diese Schlitze sind mit einer Schlüsselfeile etwas auszufeilen, da sich die Lappen sonst nicht einstecken lassen. Dieses Ausfeilen der Schlitze gilt für alle weiteren Arbeiten, wo es darum geht, Bauteile in die Schlitze zu stecken.

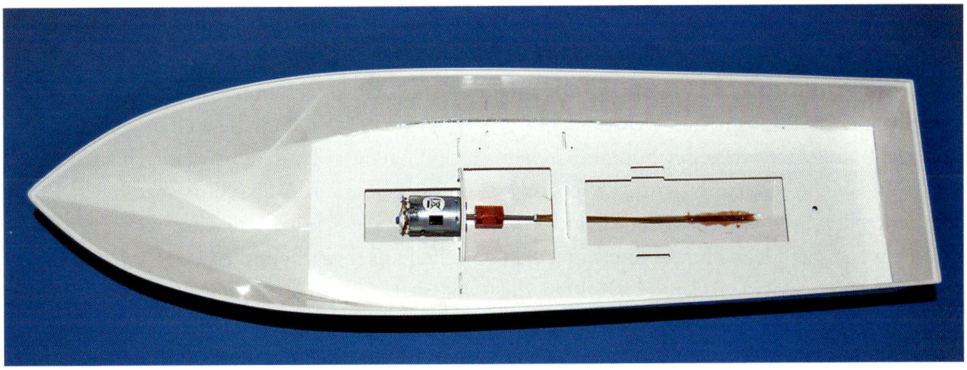

Einbau des Motors mit dem Stevenrohr.

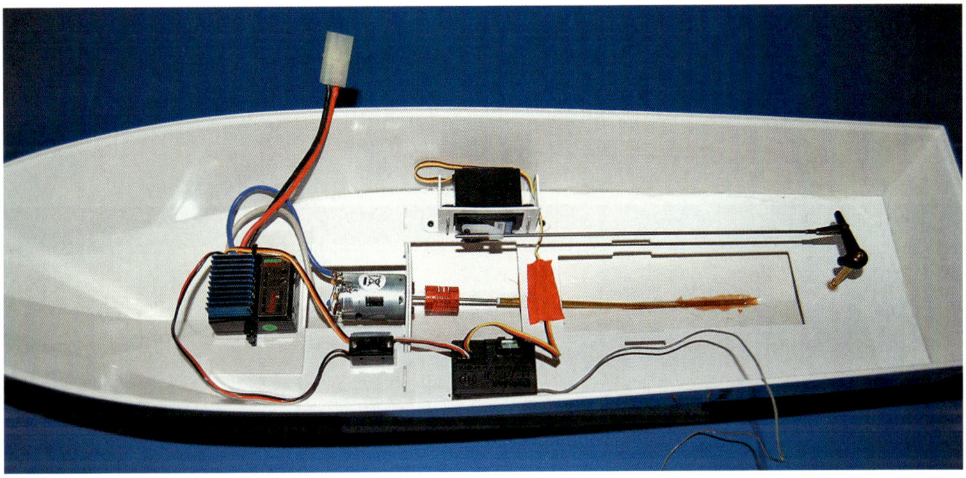

Einbau der RC- und Ruderanlage.

Liegt die Lage des Motorspantes fest, und ist er mit der Bodenplatte zusammengesteckt, werden beide Bauteile im Rumpf verklebt. Die Durchführung des Stevenrohres wird mit Stabilit Express aufgefüllt. Der Stützspant 1.20 wird ebenfalls in die Bodenplatte gesteckt und mit dieser verklebt. Am Heck wird der Ruderkoker von oben eingeschoben und am Rumpfboden angeklebt.

Das Ruderblatt liegt als vorgefertigtes Messingteil bei und wird mit dem ebenfalls beiliegenden Ruderschaft aus Messing verlötet. Das fertige Ruder wird von unten in den Ruderkoker eingeführt und oben durch den Ruderhebel 2.10 festgehalten. Die Teile für die Servohalterung werden aus der ABS-Bauteileplatte ausgeschnitten und der Bauanleitung entsprechend zusammengebaut. Nach deren Fertigstellung wird das Ruderservo eingeschraubt und das ganze Gebilde an der Bodenplatte befestigt. Vom Servohorn führt ein Rudergestänge zum Ruderhebel.

Der Fahrtregler wird direkt vor dem Motor, der Empfänger und Einschalter gegenüber dem Ruderservo auf der Bodenplatte befestigt. Gesteuert wird mit einer 2-Kanal-Anlage. Die Antenne lässt sich unter dem Deck verlegen, wenn man keine großen Entfernungen überbrücken möchte. Ist Letzteres der Fall, muss die Antenne als Stabantenne ausgeführt werden.

Wenn alle RC-Komponenten im Rumpf eingebaut sind und der Deckausschnitt ausgesägt ist, wird das Deck auf den Rumpf aufgeklebt. Beim Aussägen des Deckausschnitts ist darauf zu achten, dass der Süllrand stehen bleibt und nicht beschädigt wird. Er sorgt dafür, dass später kein Wasser in den Rumpf eindringt, wenn das Deck einmal überflutet sein sollte. Das Schanzkleid wird ausgeschnitten, die Kanten beschliffen und am Deck angepasst. Danach wird das Schanzkleid am Deck angeklebt. Damit ist der Rumpf fertig und kann lackiert werden. Dazu wird er jetzt vom Bootsständer getrennt und die beiden doppelseitigen Klebestreifen werden entfernt. Das Unterwasserschiff wird mit roter Farbe, die Bordwände über Wasser mit blauer Farbe lackiert.

Der Brückenaufbau besteht aus den Teilen 4.1 bis 4.11. Diese Teile werden aus der ABS-Platte ausgeschnitten und die Kanten begradigt. Bei all diesen Teilen handelt es sich um CNC-gefräste Bauteile, die einfach zusammengesteckt werden. Wie schon oben beschrieben, müssen alle Schlitze zunächst mit einer Schlüsselfeile nachgearbeitet, bzw. ausgefeilt werden, da sich sonst kein Zapfen des Gegenstücks in die Schlitze einschieben lässt. Beim Zusammenbau ist auf die Reihenfolge der Bauteile-Nummern zu achten. Zunächst wird Teil 4.2 mit der Grundplatte 4.1 verklebt, dann folgt Teil 4.3, dann Teil 4.4 und so geht es weiter.

Hat man den Brückenaufbau fertiggestellt, werden die Schornsteine, Bauteile 4.14 bis 4.19 angeklebt. Das Vorderteil des Aufbaus,

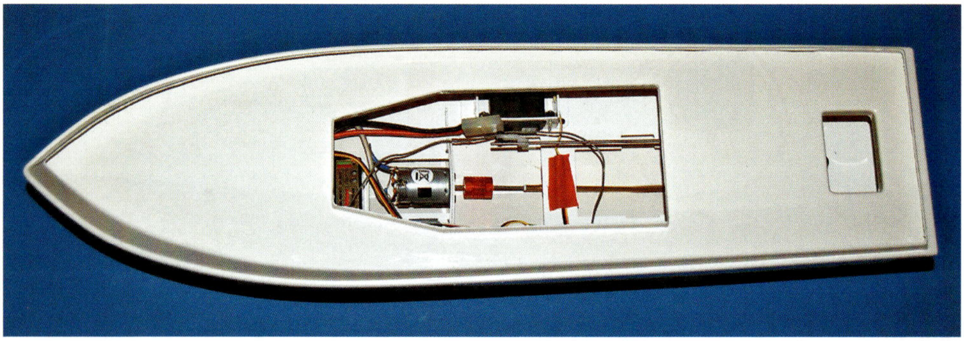

▲ **Das Deck wird auf den Rumpf geklebt.**

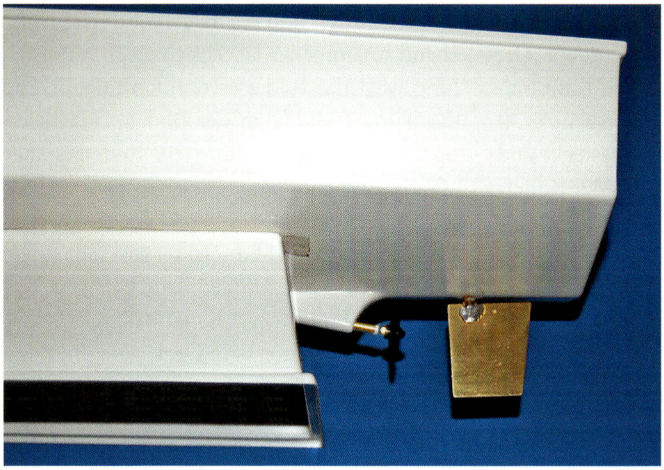

◀ **Der Einbau des Ruders.**

Zusammenbau des Grundgerüstes für den Aufbau.

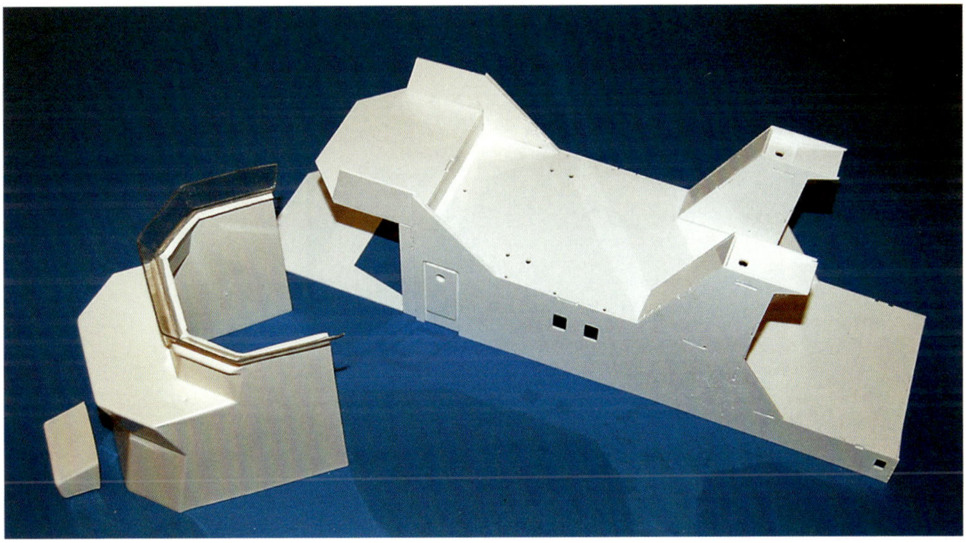

Brückenteil mit Vorbau.

Teil 4.12, ist ein Tiefziehteil. Die Bearbeitung erfolgt nach den Angaben in der Bauanleitung. Dieses Bauteil wird am Aufbau angeklebt. Die Gerätekiste 4.13 ist an der Frontseite des Vorderteils anzubringen. Anschließend kann der Aufbau lackiert werden. Entweder Weiß oder Lichtgrau. Es ist ratsam, Vorderteil und Hauptaufbau vor dem Zusammenkleben getrennt zu lackieren.

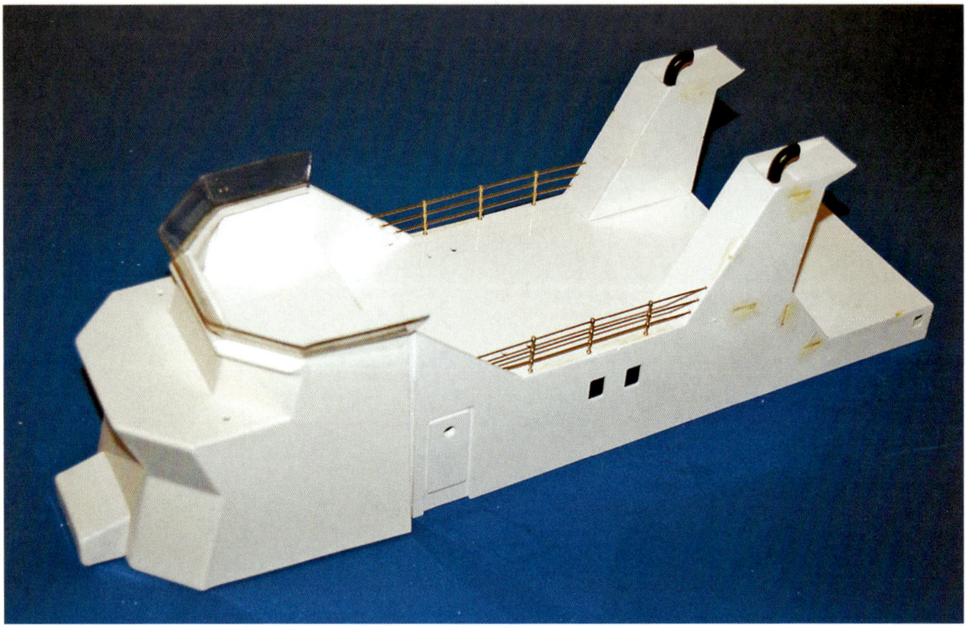

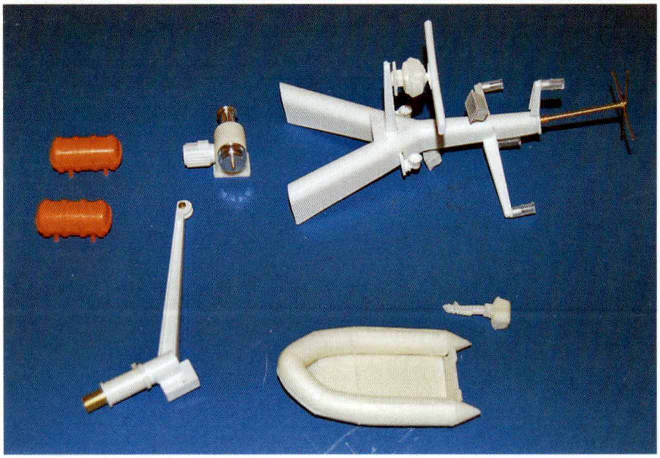

▲ **Der fertige Brückenaufbau im Rohbau.**

◀ **Zusammenbau des Mastes und anderer Teile.**

Der Mast besteht aus den Bauteilen 5.1 bis 5.21. Der Zusammenbau erfolgt nach der Zeichnung in der Bauanleitung. Genau so wird mit dem Schlauchboot, Baustufe 6, dem Kran und der Ankerwinde, Baustufe 10, verfahren.

Nach Fertigstellung des Brückenaufbaus werden der Mast, das Schlauchboot, der Kran und alle anderen Ausschmückungsteile der Bauanleitung entsprechend angebracht.

Um zu sehen, wie das Boot im Wasser liegt, ist es ratsam jetzt einen Badewannentest durchzuführen. Als Fahrakkus sind zwei fünfzellige Akkupacks vorgesehen, die parallel geschaltet werden. Es passen jedoch auch sechszellige Fahrakkus in den Akkuraum.

Der fertige Aufbau, seitliche Ansicht.

Ansicht des Aufbaus seitlich von vorn.

Das fertige Modell des Küstenwachbootes W 4.

Ansicht des Modells W 4 von achtern.

Das Polizeiboot in Fahrt.

Der Einsatzbefehl ist gekommen.

Während des Badewannentestes habe ich festgestellt, dass die beste Lage des Bootes im Wasser mit zwei sechszelligen Akkupacks erreicht wird. Das Boot taucht dann bis zur vorgegebenen Wasserlinie ein und liegt vollkommen stabil im Wasser.

Abschließend werden die verschiedenen Aufkleber und Schriftzüge angebracht. Dazu sei vermerkt, dass die blau-weiß-roten Streifen am Schornstein nur bei Polizei- und Küstenwachbooten in Schleswig Holstein angebracht sind. Dagegen haben alle Küstenwachboote die schwarz-rot-gelben Streifen an beiden Seiten der Bordwand. Diese Streifen werden aus selbstklebender Folie ausgeschnitten und angebracht.

Bei der ersten Testfahrt stellte ich fest, dass die Geschwindigkeit mit dem kleinen Motor der Größe 400 nicht gerade berauschend ist. Wer mehr Power möchte, muss von vornherein einen Motor der Größe 500 einbauen. Das Modell sieht wegen seiner verhältnismäßig hohen Aufbauten etwas gedrungen aus, macht jedoch ein gutes Fahrbild. Es lässt sich gut steuern. Bei voll eingeschlagenem Ruder beträgt der Wendekreisdurchmesser etwa 2,5 m.

Technische Daten des Polizeibootes *W 4*:
Länge: 610 mm
Breite: 170 mm
Höhe: 360 mm
Verdrängung: 1.700 g

▼ **Volle Fahrt voraus.**

Polizei- oder Küstenwachboot

Das *Multiboat* von Graupner lässt sich sehr gut entweder zu einem Polizei- oder Küstenwachboot aufbauen. Bei diesem Baukasten ist es dem Modellbauer freigestellt, für was für ein Modell er sich entscheidet. Weitere Möglichkeiten sind noch ein Feuerlösch- oder Lotsenversetzboot. Die Wahl fiel auf ein Küstenwachboot. Als Vorbild für das Graupner-Modell diente ein französisches Lotsenboot das auf einer Werft entworfen wurde, die auch viele andere Typen für die Einsatzbereiche Polizei, Küstenwache, Rettungswesen, Feuerwehr, Zoll und Hafendienste baut.

Der Baukasten enthält alle Teile, die für ein reines Fahrmodell benötigt werden. Der Motor und alle RC-Komponenten müssen zusätzlich

Der Baukasteninhalt.

angeschafft werden. Ein Beschlagsatz ist im Baukasten enthalten. Wird das Modell als reines Fahrmodell gebaut, genügt eine einfache 2-Kanal-Anlage zum Steuern. Alle Aufbautenteile sind aus lasergeschnittenen ABS-Teilen gefertigt und müssen nur noch zusammengesteckt und verklebt werden. Das Modell wurde im Maßstab 1: 25 konzipiert. Als Antriebsmotor wird der Speed 600 Eco vorgeschlagen.

Nach dem Zusammenbau des Bootsständers, die Teile liegen aus Sperrholz bei, wird der Ruderkoker eingebaut. Er besteht aus dem eigentlichen Ruderkoker aus Messingrohr, Teil 7, und aus den Sperrholzstützen, Teile 4, 5 und 6. Als Klebstoff wird Stabilit Express verwendet. Nach dem Austrocknen der Klebestelle ist das Ruderblatt von unten einzuschieben. Oben wird es vom Ruderhebel, Teil 23, gehalten. Der Motor wird mit dem Stevenrohr am Motorträger, Teil 10, angeschraubt und so in den Rumpf eingebaut, dass das Stevenrohr etwa 15 mm nach hinten herausragt. Für das Verkleben mit dem Rumpf wird wieder Stabilit Express verwendet. Der Ruderservohalter, bestehend aus den Sperrholzteilen 27 bis 30, wird zusammengebaut und das Ruderservo eingeschraubt. Die Servohalterung wird in der Rumpfmitte zwischen dem Motor und dem Ruder über dem Stevenrohr eingeklebt. Vom Servohorn zum Ruderhebel sorgt ein Lenkgestänge für die Ruderbewegungen.

Der Empfänger wird links, der Fahrtregler rechts vom Motor mittels Klebeband auf dem Rumpfboden angebracht. Nachdem die RC-Anlage eingebaut ist, wird der Verstärkungsrahmen in den Rumpf eingeklebt. Darüber wird das Deck gelegt und mit dem Rumpf verklebt. Der Rumpf ist damit fertig und kann bereits jetzt lackiert werden. Die Antenne ist unter dem Verstärkerrahmen mit Tesa-Klebestreifen zu befestigen. Für kleine Entfernungen bis etwa 300 m genügt das. Sollen größere Entfernungen überbrückt werden, ist es ratsam, die Antenne als Stabantenne über dem Deck aufzubauen.

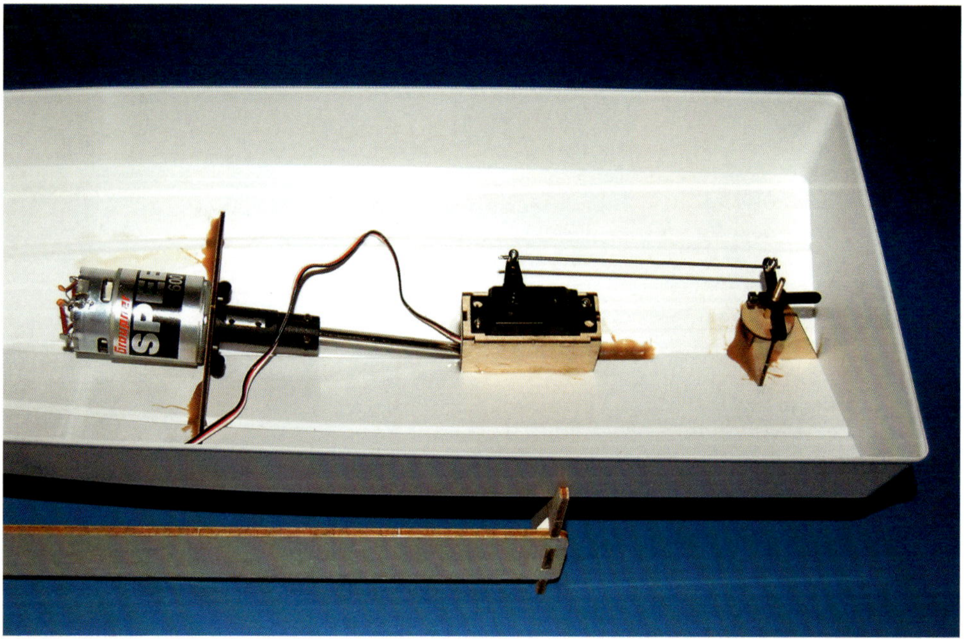

Einbau des Motors und der Ruderanlage.

Einbau des Empfängers mit Fahrtregler.

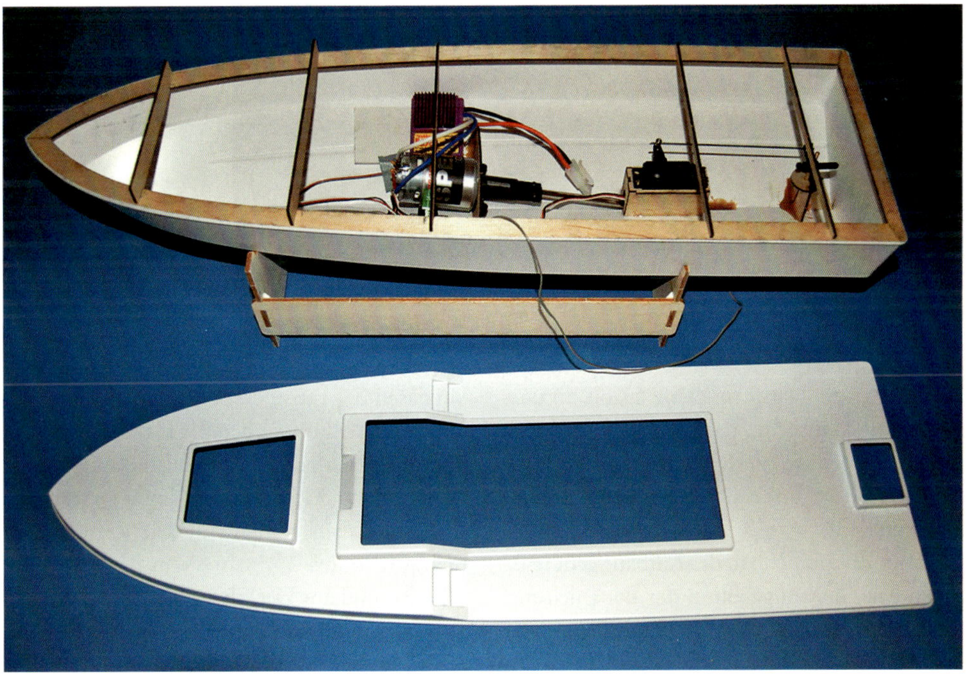

Einkleben der Decksversteifung.

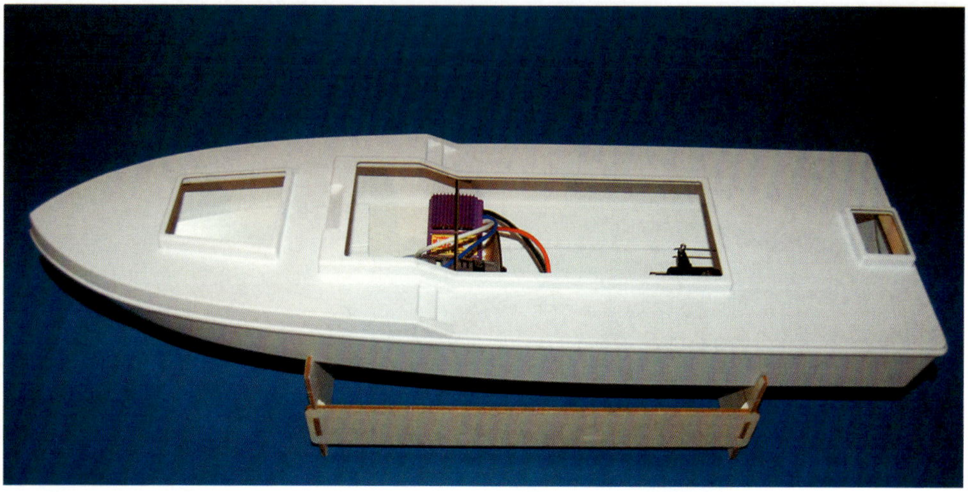

▲ Aufkleben des Decks auf den fertigen Rumpf.

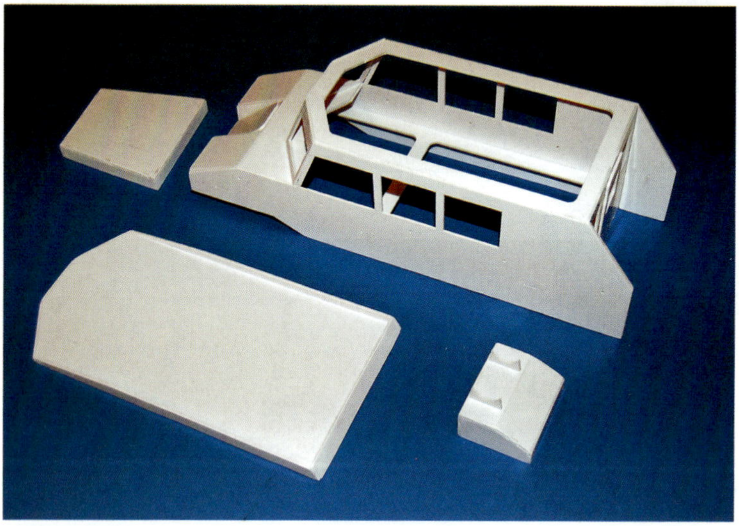

◀ Zusammenbau des Aufbaus.

Die vordere Plattform, Teile 51 bis 53 und die hintere Plattform, Teile 58 bis 61, werden zusammengebaut. Die Rettungsinsel wird zusammengeklebt und auf dem Rettungsinselhalter befestigt.

Beim Zusammenbau des Aufbaus geht man genau nach den Angaben in der Bauanleitung vor. Die einzelnen Schritte sind auf der Zeichnung dargestellt. Das Zusammenkleben der Einzelteile erfolgt mit Sekundenkleber. Vor dem Verglasen der Fenster ist der Aufbau zu lackieren. Zum Schluss werden die Handläufe befestigt, das Dach aufgeklebt und die Ausschmückungsteile angebracht. Der Mast wird fertiggestellt und ebenfalls auf dem Dach befestigt. Die Reling wird aus 2 mm starkem Messingdraht gebogen und am Deck befestigt.

Nach dem Anbringen der Schriftzüge ist das Modell fertig für einen Badewannentest, um die richtige Lage der beiden Fahrakkus zu

▲ **Anpassen des fertigen Aufbaus auf das Deck.**

► **Der fertige Brückenaufbau.**

ermitteln. Die Akkus werden mittels Klettverschluss am Rumpfboden links und rechts vom Lenkservo befestigt. Als Fahrakkus sind zwei sechszellige Akkupacks parallel zu schalten.

In der Fahrpraxis hat sich das Boot gut bewährt. Es lässt sich leicht steuern und die Geschwindigkeit ist dank seines großen Motors etwa maßstabsgerecht. Das Boot macht ein gutes Fahrbild.

Technische Daten des *Multiboat*:
Länge: 600 mm
Breite: 188 mm
Höhe: 300 mm
Verdrängung: 1,3 kg

Im Neuheitenkatalog 2009 der Firma Graupner wurde ein weiteres, etwas größeres Küstenwachboot angekündigt, die *Eider*. Leider wurde dieser Baukasten nie fertiggestellt

Das fertige Modell des Polizeibootes.

Ansicht des Modells von achtern.

Das Polizeiboot in Fahrt.

Auf Fahrt in schwerer See.

Küstenwachboot Eider von Graupner, das 2009 angekündigt, jedoch niemals ausgeliefert wurde.

und inzwischen aus dem Programm genommen, denn man hat von der *Eider* nie mehr etwas gehört. Selbst ein Anruf bei der Firma Graupner brachte keine Klarheit über den Verbleib dieses Küstenwachbootes. Vor langer Zeit hatte ich bereits einige Fotos dieses Modells von der Firma Graupner erhalten, denn ich sollte das Modell aufbauen und beschreiben. Hier die beiden Bilder der Firma Graupner.

Der Prototyp der Eider in Fahrt.

Polizei- und Küstenwachboot *Sylt*

Im April 2009 wurde der Wasserschutzpolizei Schleswig Holstein das bislang größte und modernste Polizeiboot übergeben. Das auf den Namen *Sylt* getaufte Boot wurde von der Fassmer Werft in Berne an der Weser gebaut und ist das zweite von vier Booten zur Erneuerung der Polizeiflotte. Das Revier der 34 m langen *Sylt* reicht von der dänischen Grenze bis zur Elbmündung. Neben den Kontrollaufgaben in diesem Seegebiet gehören die Fischereiaufsicht und die Unterstützung der Polizei auf den Nordseeinseln. Mit einer Höchstgeschwindigkeit von 26 Knoten (fast 50 km/h) ist die *Sylt* somit das stärkste und schnellste Boot der Polizeiflotte.

Die Firma robbe nahm dies zum Anlass, von diesem Boot einen Bausatz im Maßstab 1:25 von ihren Ingenieuren entwickeln zu lassen. Das Polizeiboot *Sylt* ist ein Modell für fortgeschrittene Modellbauer. Die *Sylt* lässt sich nicht an einem Wochenende oder in einer Woche zusam-

Polizeiboot Sylt, das Original. (Foto: Polizeidirektion Kiel)

Das Original in Fahrt. (Foto: Polizeidirektion Kiel)

menbauen und setzt beim Bau Vorkenntnisse voraus. Man sollte wenigstens ein größeres Modell vorher aufgebaut haben. Dem Bausatz liegt eine Stückliste bei, in der alle Teile aufgeführt sind. Zählt man die Teile zusammen, kommt man auf eine Anzahl von 1.480. Das hier gezeigte und ausführlich beschriebene Modell entstand als reines Fahrmodell mit Bugstrahlruder und wird mit einer 4-Kanal-Fersteueranlage gefahren. Sollen Ankerwinde, Kran, Beleuchtung usw. funktionsfähig gemacht werden, sind weitere zusätzliche Bausätze anzuschaffen. Dann wird auch eine Mehrkanal-Anlage notwendig. Da ich bei diesem Modell nur das Bugstrahlruder zusätzlich eingebaut habe, benötigt man lediglich drei Kanäle, der vierte Kanal bleibt frei. Für diesen Kanal habe ich einen 2-Kanal-Memory-Schalter vorgesehen, mit dem ich die Beleuchtung, eine Sirene und die Blaulichter ein- und ausschalten kann. Dazu später mehr.

Die *Sylt* ist das neue Flaggschiff im robbe-Schiffsmodellprogramm. Begeistert hat die robbe-Ingenieure neben dem modernen Design die Vielzahl an Möglichkeiten für Sonderfunktionen. Die imposante Größe des Modells mit einer Länge von 1.200 mm bringt genügend Freiraum für zusätzliche Ausbaumöglichkeiten. So können Sound- und Lichtfunktionen, ein ferngesteuerter Kran, ein drehbares Radargerät, eine funktionstüchtige Ankerwinde, ein Bugstrahlruder und viele weitere Sonderfunktionen vom Erbauer der *Sylt* umgesetzt werden. Auch das Beiboot lässt sich optimal mit einem Antrieb ausrüsten und kann ferngesteuert betrieben werden. Modellbauer die besonderen Wert auf hohe Vorbildtreue legen, können mit dem zusätzlich erhältlichen Kabinenausbausatz die Kommandobrücke der *Sylt* komplett mit einem fein detaillierten Steuerstand, Computerbildschirmen, Kartentisch und vielen weiteren Teilen ausrüsten und erhalten so eine exakte maßstäbliche Umsetzung des Originals in das Modell.

Da der Ausbau der *Sylt* zu einem vollfunktionsfähigen Modell mit wesentlich größeren

▲ **Der Baukasten der Sylt.**

▶ **Teile des Antriebssets, Fahrtregler und LiPo-Akku.**

Kosten verbunden ist, beschreibe ich lediglich das Fahrmodell. Um die *Sylt* als reines Fahrmodell aufzubauen, müssen zum eigentlichen Baukasten noch folgende zusätzliche Bausätze angeschafft werden.

1. Antriebsset *Sylt*, Nr. 11942000
   Es enthält zwei Elektromotore Power 755/40, zwei Stevenrohre mit Wellen, zwei gegenläufige Schiffspropeller, Motorkupplungen und Kleinteile für die Montage.

Bauteile des Beschlagsatzes.

Weitere Teile des Beschlagsatzes und der Ruderanlage.

2. Fahrtregler Navy Control 540 R, Nr. 8616

3. Beschlagsatz *Sylt*, Nr. 11941000
   Er enthält über 300 Teile zum Ausschmücken des Modells, z. B. Rettungsinseln, Rettungsringe, Anker, Kettenstopper, Ankerkette und -winde, Schlauchboot, Kran, Radar, Poller, Flagge und viele weitere Teile.

4. Bugstrahlruder mit Elektromotor, Nr. 1155
   Bugstrahleinheit mit Flügelrad und Wellenabdichtung, Elektromotor, Entstörsatz und Anschlussteile.

5. Bugstrahlruder-Fahrtregler Rokraft 50 MP, Nr. 8417

Bauteile des Bugstrahlruder-Sets.

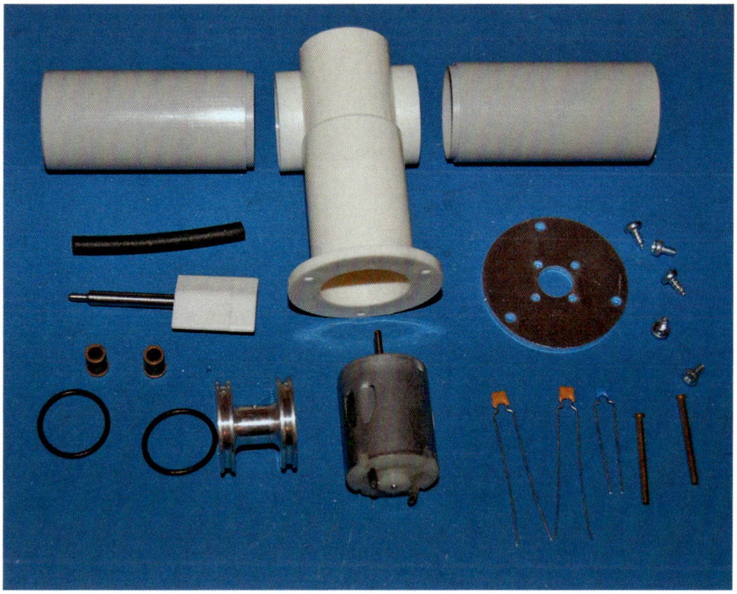

6. Bugstrahlruder Akkupack 5NiMH 3000 6 V TAM, Nr. 456007

7. LiPo-Fahrakku 4-5000 ZX 25C

8. Fernsteuerung, 4-Kanal-Anlage robbe Futaba T4EXA 40 MHz, Nr. 4055

Soll die *Sylt* mit allen möglichen Sonderfunktionen ausgestattet werden, sind noch folgende Bausätze erforderlich:

9. Sonderfunktionssatz *Sylt*, Nr. 11943000
   Dieser Ausbausatz wird benötigt, wenn alle Sonderfunktionen des Modells realisiert werden sollen. Er enthält alle benötigten Glühlampen, Getriebemotoren für den Kran und das Radargerät, Kabel, Stecker und viele weitere Kleinteile sowie Antriebsteile, um das Beiboot ferngesteuert zu betreiben (Fahrtregler, Empfänger, Akku und Fernsteuersender für das Beiboot werden zusätzlich noch benötigt).

10. Kabinenbausatz *Sylt*, Nr. 11944000
    Mit dem Kabinenbausatz kann die Kommandobrücke der *Sylt* vorbildgetreu gestaltet werden. Er enthält 150 Teile, z. B. PC- und Radarbildschirme, Steuerstand, Steuerruder, Sitze, Kartentisch, Schränke, Niedergang und viele weitere fein detaillierte Teile. Zusätzlich enthält der Bausatz CNC-gefräste Kunststoffplatten zur Aufnahme der Inneneinrichtung.

11. Beim vollständigen Ausbau der Sylt mit allen Sonderfunktionen ist die Fernsteueranlage F-14 4/8/1 40 MHz, Nr. F4039, erforderlich.

Ich werde später zeigen, wie man auch das Fahrmodell mit einer Sirene, blinkenden Blaulichtern und einer Bordbeleuchtung bei Verwendung einer 4-Kanal-Anlage ausrüsten kann.

Der Bausatz enthält den Rumpf und das Deck aus weißem tiefgezogenen ABS-Kunststoff, den Steuerstand und Aufbau sowie Ein-

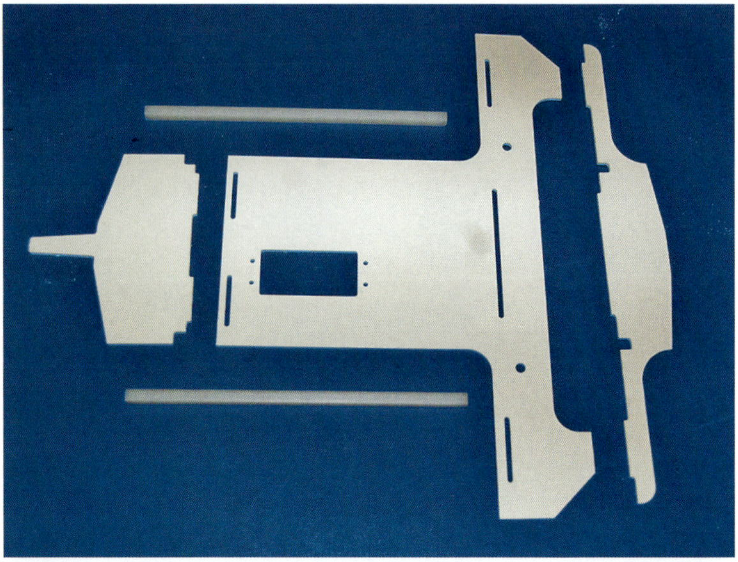

Bauteile für das Gerippe der Ruderanlage.

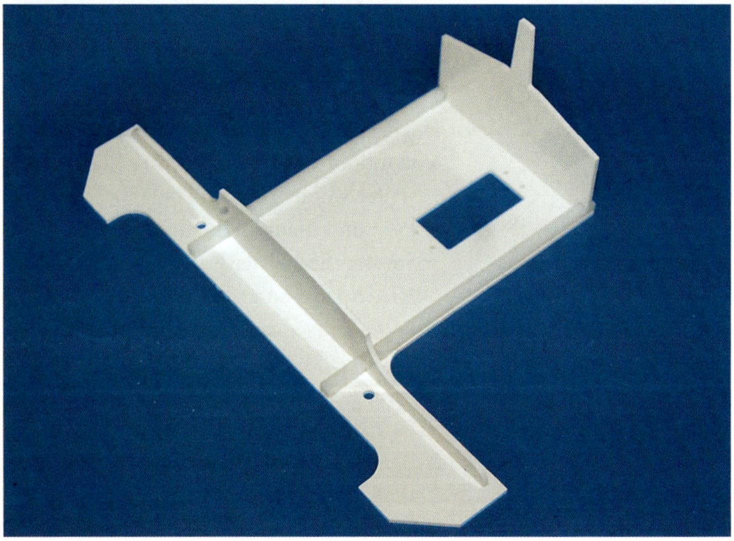

Fertiges Gerippe der Ruderanlage.

bauteile für Antrieb- und Elektronikkomponenten aus weißen CNC-gefrästen Kunststoffplatten, die komplette Doppelruderanlage mit Kleinteilen und weiteren Teilen für die Montage, umfangreiche Einzelteile für den Hauptmast und die Reling, einen Dekorbogen, eine Bauanleitung mit Plan, Montagezeichnungen und Holzteile für einen Bootsständer.

Bevor wir mit der Arbeit beginnen, sollten wir uns einen genauen Überblick über die Kunststoffplatten und alle anderen Bauteile verschaffen. Die Bauanleitung ist in Baustufen aufgeteilt, auch daran sollten wir uns halten und nur die Teile zurechtlegen oder aus den Kunststoffplatten herausdrücken bzw. herausschneiden, die gerade benötigt werden.

Man beginnt mit der Baustufe 0, dem Zusammenstecken und Verkleben der vier Holzteile zu einem Bootsständer. Die Flächen der Rumpfauflagen werden mit beiliegenden Moosgummistreifen beklebt.

In der Baustufe 1 werden aus der Kunstoffplatte „A“ die Teile 1.1, 1.2 und 1.3 für den Aufbau der Ruderanlage herausgeschnitten. Die verbleibenden Nuppen an denen die Teile hängen, sind mit einer flachen Schlüsselfeile zu begradigen. Von den Vierkant-Kunststoffleisten 5×5 mm werden zwei Leisten, Teile 1 und 4, mit einer Länge von 140 mm abgeschnitten.

All diese Teile werden nach der Zeichnung in der Bauanleitung auf Seite 6 zusammengeklebt. Man erhält so das Gerippe für die Doppelruderanlage. In den Servoausschnitt wird das Lenkservo eingeschraubt. Laut Bauanleitung soll die fertige Ruderbefestigung bereits jetzt in den Rumpf eingeklebt und die Ruderanlage daran befestigt werden. Davon möchte ich dringend abraten, da im Rumpf selbst noch viel Arbeit bevorsteht. Je mehr Teile bereits eingebaut sind, desto schwerer lassen sich die Arbeiten im Rumpf durchführen. Das fertige Rudergestell wird erst einmal beiseite gelegt.

Es geht weiter mit Baustufe 2, dem Zusammenbau des Motorträgers. Aus der gleichen Kunststoffplatte „A“ werden die Teile 2.1 bis 2.7 herausgeschnitten. Die Teile 2.6 befinden sich auf der Kunststoffplatte „B“. Alle diese Teile werden der Bauplanzeichnung entsprechend zusammengesteckt und mit Sekundenkleber verklebt. Auch jetzt rate ich einen anderen Weg zu gehen als nach der Bauanleitung vorgesehen. Die Montageeinheit wird noch nicht mit dem Rumpf verklebt. Bevor die Durchführungen für die beiden Stevenrohre noch nicht in den Rumpf eingearbeitet sind, sollten keine Einbauten in den Rumpf erfolgen, denn diese stören dann die Arbeiten.

Die beiden Motoren werden entstört und bereits jetzt in die Montageeinheit eingebaut. Das lässt sich in diesem Zustand viel leichter machen, als später, wenn das Gestell bereits im Rumpf eingeklebt ist. Auch der elektronische Fahrtregler und eine Kabelklemme werden auf der Grundplatte 2.6 angebracht. Als Fahrtregler eignet sich der „navy control 540 R“ von robbe (Bestellnummer: 8616). Die Verkabelung zwischen den beiden Motoren und dem Fahrtregler ist herzustellen. Dabei muss be-

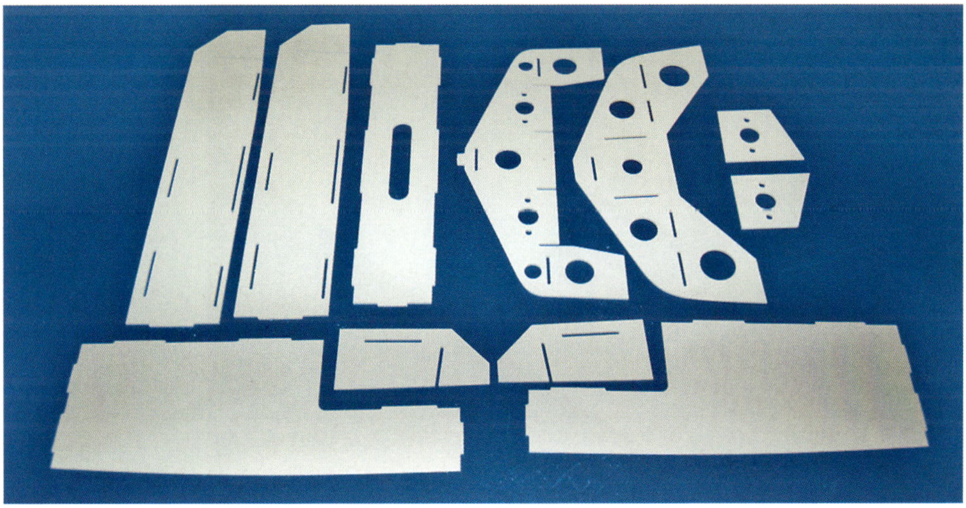

Bauteile für den Motorträger.

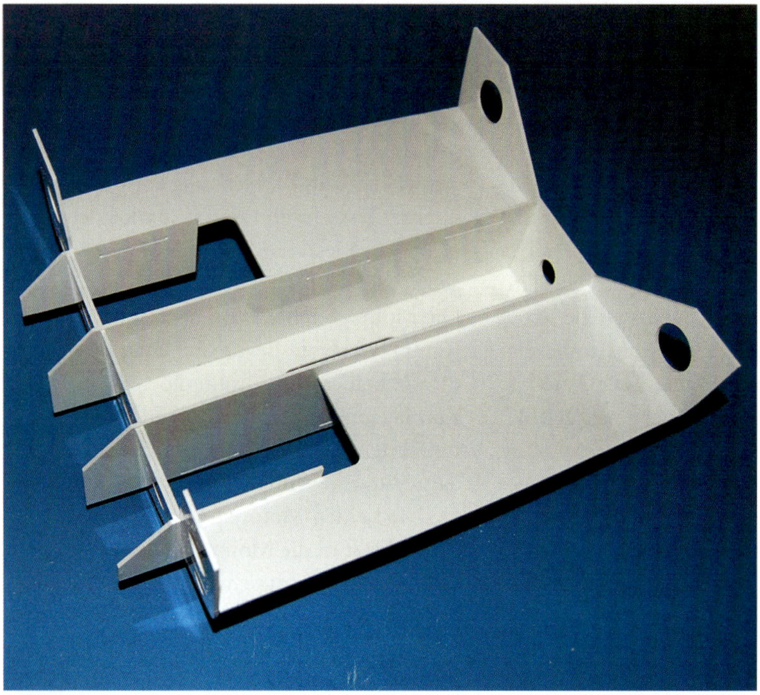

Der zusammengebaute Motorträger von oben.

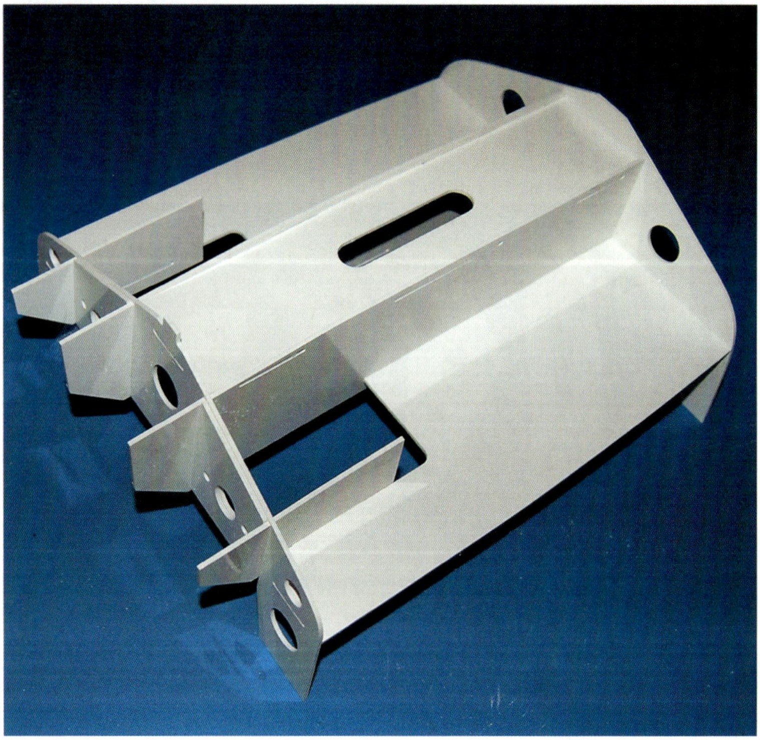

Ansicht des Motorträgers von unten.

Einbau der Motoren und des Fahrtreglers in den Motorträger.

Ansicht von unten mit eingebauten Motoren.

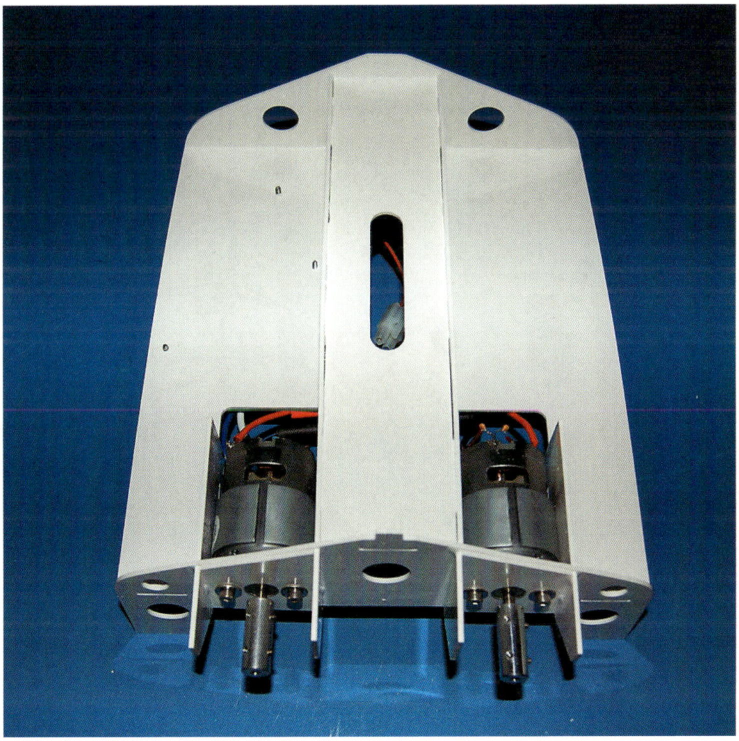

rücksichtigt werden, dass die beiden Schiffspropeller gegenläufig arbeiten. Das heißt, dass der eine Motor nach links außen und der andere nach rechts außen laufen muss, immer in Fahrtrichtung gesehen. Die weiß/blaue Leitung des Fahrtreglers wird an den Polen des Steuerbordmotors angeschlossen. Bei der Querverbindung zum Backbordmotor muss die Plus- und Minus-Leitung vertauscht angelötet werden. Danach kann ein Testlauf der Motoren erfolgen. Der Empfänger mit seiner exteren Stromversorgung und dem Einschalter werden neben der Motoreinheit auf den Tisch gelegt und die Kabelverbindung zum Fahrtregler wird hergestellt. Auch das Rudersevo und der Fahrakku werden angeschlossen. Nach dem Einschalten der RC-Anlage wird geprüft, ob die Laufrichtung der Motoren stimmt. Wenn nicht, sind die Plus- und Minus-Pole bei einem Motor zu vertauschen. Auf diese Weise ist sichergestellt, dass nach dem Einbau der Motoreinheit alles funktioniert. Ein Herumhantieren im Rumpf entfällt.

Bei diesem Probelauf auf dem Trockenen ist es wichtig, zunächst die Belegung des Fernsteuersenders festzulegen.

Die Kanalbelegung sieht folgendermaßen aus:

Kanal 1: Ruderlenkung rechts/links. Rechter Steuerknüppel rechts/links.

Kanal 2: Bugstrahlruder rechts/links. Rechter Steuerknüppel nach oben rechts, nach unten links.

Kanal 3: Motoren voraus/rückwärts, schnell, langsam. Linker Steuerknüppel nach oben/unten.

Kanal 4: Vorgesehen für Beleuchtung und Blaulicht ein/aus sowie für die Sirene, gesteuert von einem 2-Kanal-Memory-Schalter. Linker Steuerknüppel rechts/links. Die Arbeitsweise des 2-Kanal-Memory-Schalters wird weiter unten erklärt.

Die Motorbaueinheit wird in den Rumpf gestellt, aber noch nicht eingeklebt. Nun sind die

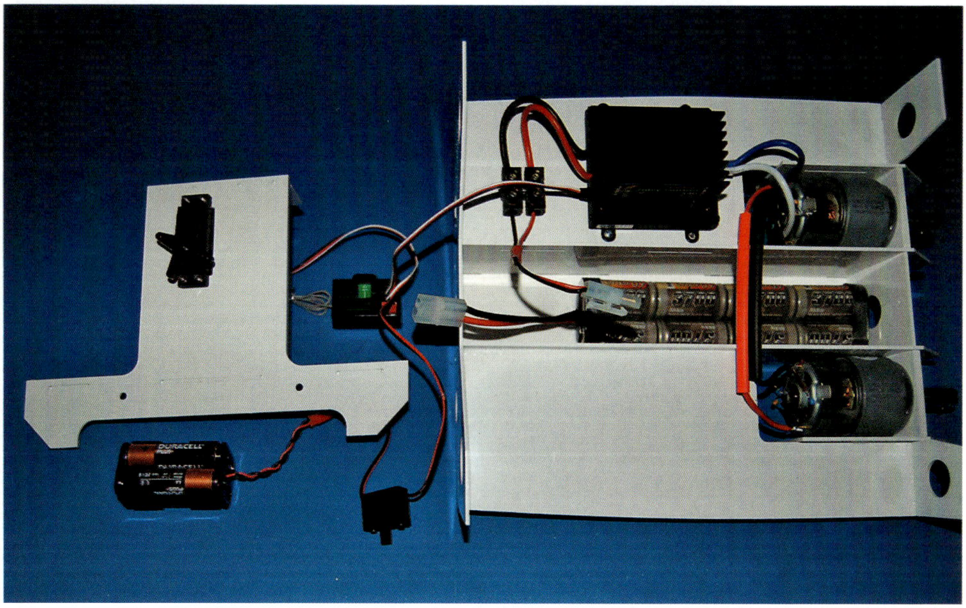

Probelauf mit Empfänger und Ruderservo.

Zusammenbau des Bugstrahlruders.

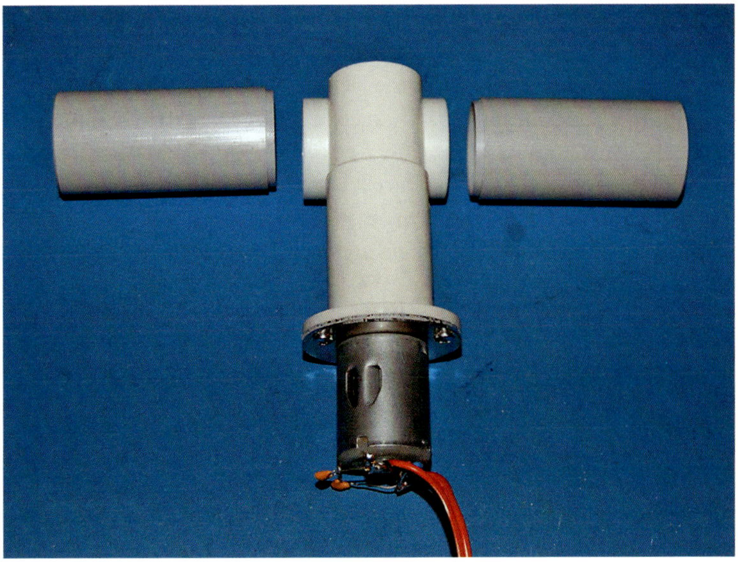

Stevenrohre anzupassen. Dazu ist es nötig, die Durchführungen für die Stevenrohre mit einer Rundfeile etwas zu vergrößern. Das geschieht nach und nach, jeweils nachdem das eine oder andere Stevenrohr eingeführt wurde. Die Antriebswellen müssen sich leicht in die Kupplungen schieben lassen, das ist sehr wichtig! Lieber einmal mehr die Welle herausziehen und die Öffnung weiter bearbeiten. Die Lage der Motoreinheit genau fixieren und anzeichnen, damit sie später an der selben Stelle eingeklebt werden kann. Jetzt lohnt es sich, dass die Ruderanlage, entgegen der Empfehlung in der Bauanleitung, noch nicht eingebaut ist. Die herausstehenden Ruder würden uns bei diesen Arbeiten mit der Rundfeile gewaltig im Wege stehen. Passt alles und lassen sich die Wellen von hinten leicht in die Kupplungen schieben, kann die Einheit wieder aus dem Rumpf genommen werden, denn nun müssen zunächst die beiden Ausschnitte im Bug für die Aufnahme des Bugstrahlruders eingearbeitet werden. Auch bei dieser Arbeit würde es sehr stören, wenn die Ruderanlage und der Motorträger bereits in den Rumpf eingeklebt wären.

Die beiden Öffnungen für das Bugstrahlruder sind in der Steuerbord- und Backbordwand innen im Rumpf markiert. Es handelt sich um ovale Öffnungen. In die elektrische Bohrmaschine wird ein Bohrer von 1 mm Durchmesser eingespannt und es wird längs der Markierungen Loch neben Loch gebohrt. Anschließend wird die Öffnung mit einem scharfen Hobbymesser von Loch zu Loch ausgeschnitten und mit Schmirgelpapier plangeschliffen. Wer kein Bugstrahlruder vorsehen will, kann sich diese Arbeit natürlich ersparen. Für alle anderen ist es jetzt erforderlich, zunächst das Bugstrahlruder nach der mitgelieferten Bauanleitung zusammenzubauen. Der Motor ist zu entstören, dann wird der Motorflansch 5 mit den beiden selbstschneidenden Schrauben am Motorgehäuse angeschraubt. Die Montage des Flügelrades 10 mit dem Lagerflansch 8 und den anderen Teilen ist genau nach der Zeichnung in der Bauanleitung des Bugstrahlruders durchzuführen.

Diese vormontierte Einheit wird in das Gehäuse 13 eingeschoben und der Motorflansch wird am Gehäuse mit drei Schrauben befestigt. Die beiden Anschlussrohre 15 sind noch nicht anzukleben! Die Wirkungsweise des Bugstrahlruders geschieht folgendermaßen: Der Motor treibt das im Gehäuse ganz vorne befindliche Flügelrad an. Das Flügelrad saugt Wasser durch das eine Rohr an und drückt es beim anderen Rohr wieder heraus. Durch Umpolen des Motors erfolgt dieser Vorgang genau umgekehrt. Dort wo Wasser angesaugt wurde, tritt es jetzt heraus. Auf diese Weise wird der Bug des Schiffes entweder nach links oder rechts bewegt.

Wenn das Bugstrahlruder soweit zusammengebaut ist, und die Öffnungen beidseitig des Bugs ausgearbeitet sind, wird das Bugstrahlruder in den Rumpf eingebaut. Das Gehäuse wird mittig von oben in den Rumpf eingesetzt und von außen werden die beiden Anschlussrohre links und rechts durch die Öffnungen zum Motorgehäuse geschoben. Sollten sich die Anschlussrohre nicht auf das Gehäuse schieben lassen, sind die Öffnungen so zu bearbeiten und auszufeilen, bis eine einwandfreie Verbindung hergestellt werden kann. In dieser Lage stehen die Anschlussrohre an beiden Seiten weit nach außen heraus und müssen dementsprechend gekürzt werden. Das geschieht folgendermaßen. Die passend aufgesteckten Anschlussrohre werden mit Tesaband fixiert, sodass sie nicht abfallen können. Dann wird der Rumpf kopfüber auf den Arbeitstisch gestellt, und mit einem Bleistift werden die Umrisse des Austritts auf die überstehenden Rohre eingezeichnet. Die Rohre werden wieder abgenommen und soweit gekürzt, wie angezeichnet. Man spannt das zu kürzende Rohr ganz vorsichtig in einen Schraubstock, ohne Druck, und bohrt längs der angezeichneten Linie mit einem 1 mm starken Bohrer Loch neben Loch. Anschließend trennt man das überstehende Teil ab und schleift das einzusetzende Teil plan. Danach werden die

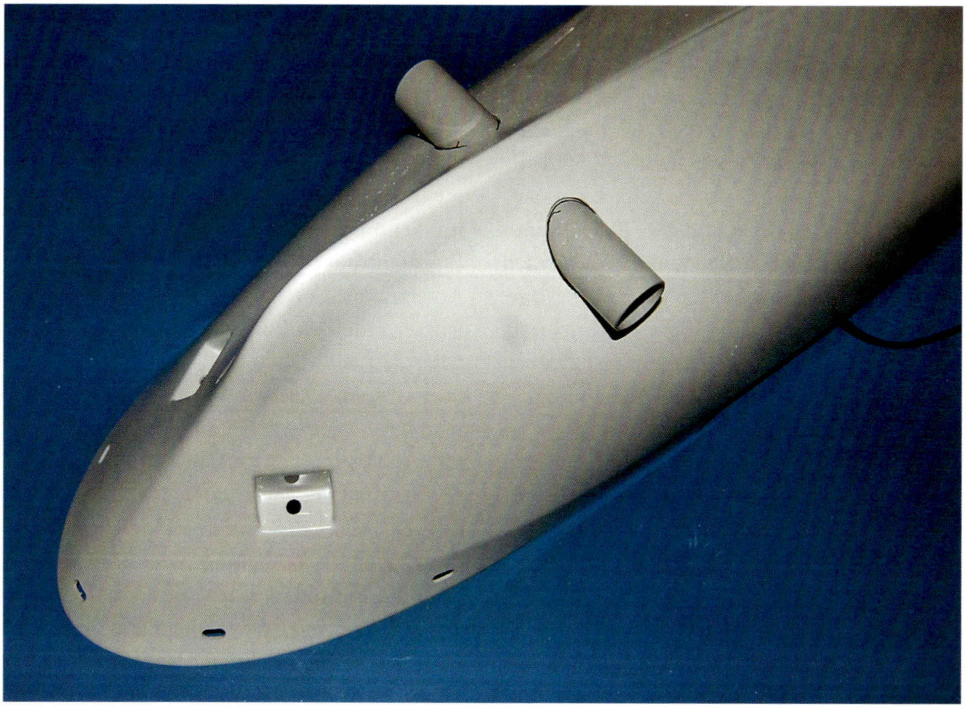

Einpassen der seitlichen Rohre in den Rumpf.

Einbau des Bugstrahlruders in den Rumpf.

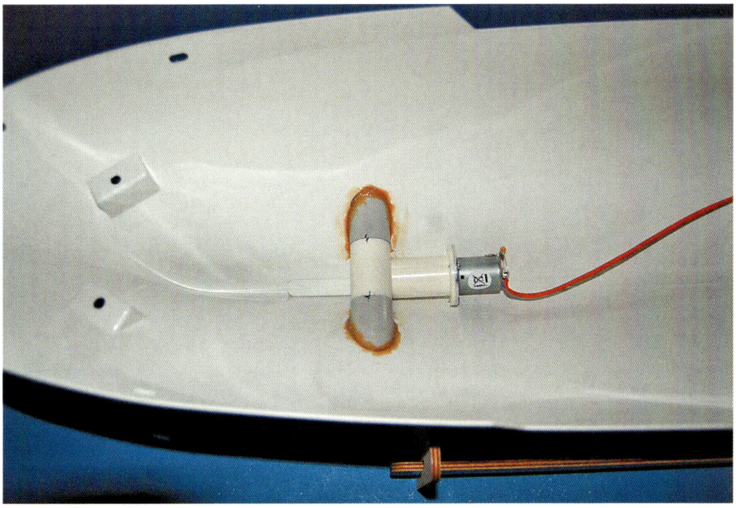

Abschneiden der überstehenden Rohre.

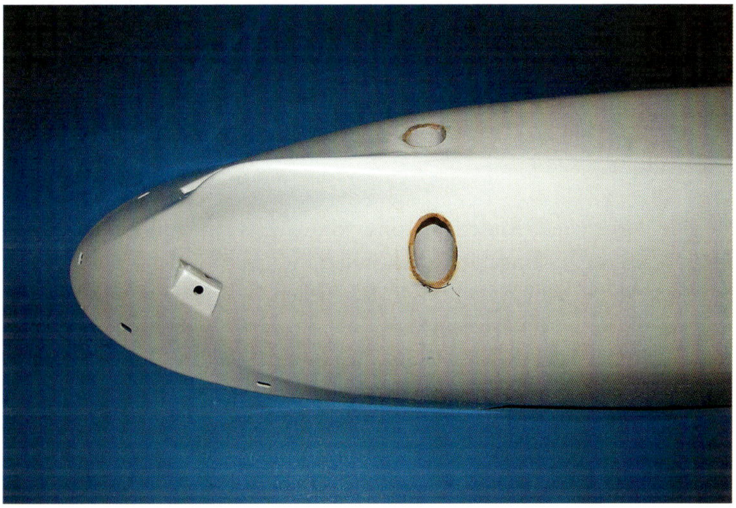

beiden Rohre eingeschoben und mit Sekundenkleber am Motorgehäuse angeklebt. Jetzt müssen nur noch die Rohre mit dem Rumpf verklebt werden. Stabilit Express eignet sich dazu. Nachdem der Klebstoff ausgetrocknet ist werden die beiden Bugstrahlruder-Öffnungen am Bug plangeschliffen.

Zur Steuerung des Bugstrahlruders wird noch der Fahrtregler Rokraft 50 MP und ein fünfzelliger Akkupack 5NiMH 3000 6 V TAM benötigt. Für diese Teile wird eine etwa 2 mm starke ABS-Grundplatte vorgesehen, die vor dem Motorblock in den Rumpf eingeklebt wird, sodass vom Fahrtregler zum Motor des Bugstrahlruders das Anschlusskabel kurz ist. Dieser Akku kann auch später für die Bordbeleuchtung von 6-Volt-Glühlampen verwendet werden. Aus einem Conrad-Elektronikbausatz 23 47 45 kann ein Akku-Controller aufgebaut werden, der den Ladezustand des Akkus anzeigt. Das ist nicht unbedingt erforderlich, doch im Betrieb recht hilfreich.

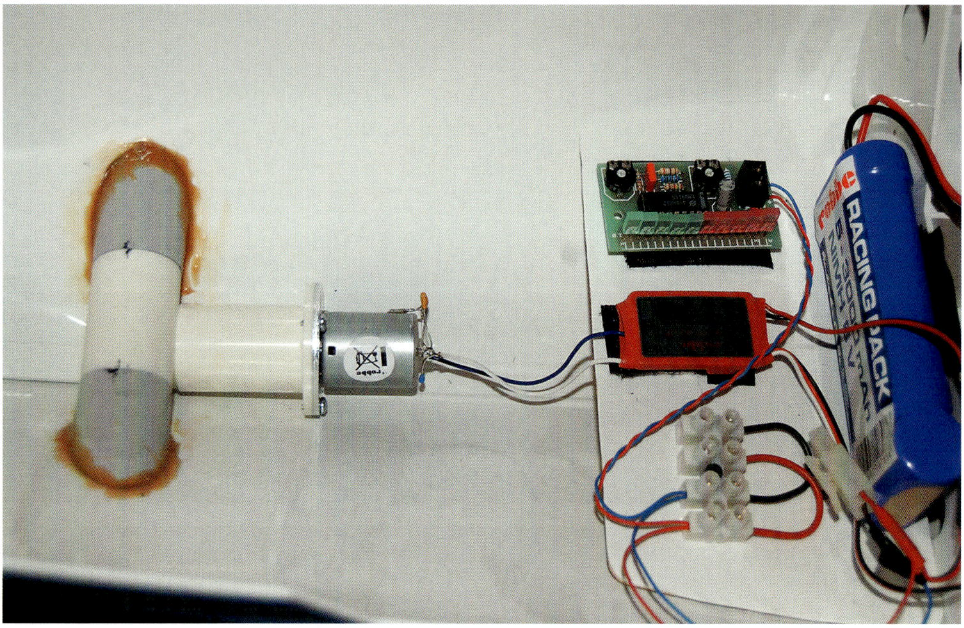

Verkabelung des Bugstrahlruders mit dem Fahrtregler und Einbau eines Akku-Controllers.

Die vorbereitete Ruderhalterung wird im Heck des Rumpfes eingeklebt. Von unten sind die Ruderkoker in die Halterung einzuschieben und mit dieser zu verkleben. Die Ruder selbst sind noch nicht einzubauen, das geschieht erst, wenn die Motoranlage mit den Stevenrohren eingebaut ist, da die Ruder sonst im Wege stehen würden. Der Einbau der RC- und Motoranlage kann jetzt erfolgen. Da sich alle Einzelteile und die Motoren bereits auf dem Gerippe der Motorplatte befinden, wird die vollständige Baueinheit an der vorher bestimmten und angezeichneten Stelle in den Rumpf eingeklebt. Ist dies geschehen, sind die Stevenrohre mit Wellenfett zu füllen und die Schiffspropeller werden auf den Wellen festgeschraubt. Anschließend sind die Stevenrohre durch die Öffnungen im Rumpf zu den Kupplungen der Motoren einzuschieben und die Antriebswellen in den Kupplungen festzuschrauben. Dort wo die Stevenrohre in den Rumpf eingeführt werden, ist reichlich Klebstoff Stabilit Express in die Durchführungsöffnungen zu füllen. Nach dem Austrocknen den Rumpf kopfüber auf den Arbeitstisch stellen und auch von unten noch etwas Klebstoff nachfüllen, sodass die Stevenrohre wasserdicht und fest mit dem Rumpf verbunden sind. Dann sind die zuvor auf die Stevenrohre aufgeschobenen Wellenhalter 2.17 am Rumpf anzukleben. Damit ist die Motoreinheit mit den Schiffspropellern fest verbunden und man kann einen weiteren Probelauf der Motoren starten.

Erst jetzt werden die beiden Ruderblätter der Doppelruderanlage eingebaut. Auf die Ruderwelle wird ein O-Ring aufgesteckt und die Ruderwelle ist etwas einzufetten und von unten in den Ruderkoker zu schieben. Oben im Boot wird die Ruderwelle mit dem Steuerhebel verschraubt. Das Gestänge zur Verbindung der beiden Ruder miteinander und dem Ruderservo ist genau nach der Zeichnung in der Bauanleitung herzustellen. Siehe dazu Baustufe 1.1 auf Seite 7 der Bauanleitung. Da die Entfernung vom Ruderservo zum Empfänger länger ist als das

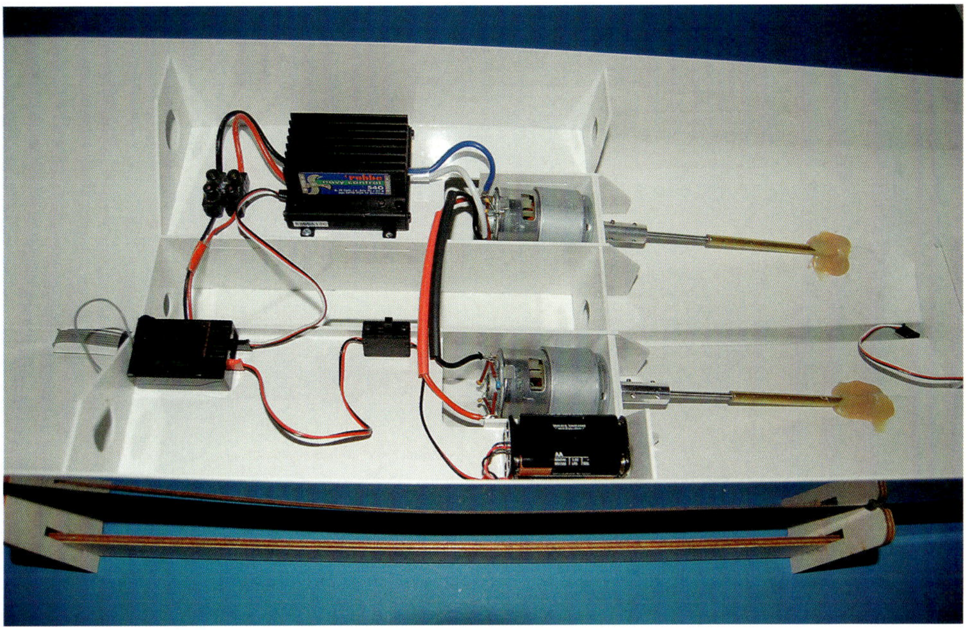

Einbau des Motorträgers und der beiden Stevenrohre in den Rumpf.

Empfängerkabel am Servo, muss ein Servo-Verlängerungskabel angeschlossen werden (robbe-Bestellnummer: F1420). Der Empfänger und der 2-Kanal-Memory-Schalter werden auf dem Motorträger befestigt und die Verbindungen zu den anderen Komponenten werden hergestellt. Der gezeigte 2-Kanal-Memory-Schalter wurde aus einem Conrad-Bausatz aufgebaut. Es gibt jedoch auch fertige Module, die eingesetzt werden können. Sie haben etwa die Größe eines Servos.

Damit sind alle für den Fahrbetrieb notwendigen Komponenten in den Rumpf eingebaut. Das ist der Zeitpunkt für den obligatorischen Badewannentest. Erstmals ist es wichtig festzustellen, dass alle Verklebungen am Bugstrahlruder, an den Stevenrohren und an der Ruderanlage einwandfrei sind und nirgends Wasser eindringt. Dann wird geprüft, ob das Boot gerade und ohne Schlagseite im Wasser liegt und die vorgesehene Wasserlinie erreicht wird. Dazu muss der Fahrakku in das Boot gelegt werden. Um auf das Gewicht mit Deck und Aufbauten zu kommen, ist in den Rumpf noch zusätzlich Ballast einzulegen, der aus ausgedienten Akkus bestehen kann, die anschließend wieder leicht zu entfernen sind. So ausgerüstet, kann auch gleich ein Funktionstest im Wasser vorgenommen werden. Prüfen Sie, ob die Ruder richtig ausschlagen und die Motoren richtig gepolt sind. Aber bitte die Maschinen nur ganz langsam anfahren und dabei das Boot festhalten, denn der Wasserschwall nach hinten ist gewaltig. Ganz wichtig ist die Einstellung des Motors für das Bugstrahlruder. Das lässt sich sehr leicht in der Badewanne machen. Beim nach oben Drücken des rechten Steuerhebels soll der Bug nach rechts auswandern und umgekehrt beim nach unten Drücken soll der Bug nach links auswandern, da für dieses Manöver der Kanal 2 vorgesehen ist. Liegt das Modell später beim richtigen Fahrbetrieb mit der Backbordwand an der Anlegestelle und will man losfahren, drücken wir den Sender-Steuerhebel nach oben und der Bug löst sich von der Anlegestel-

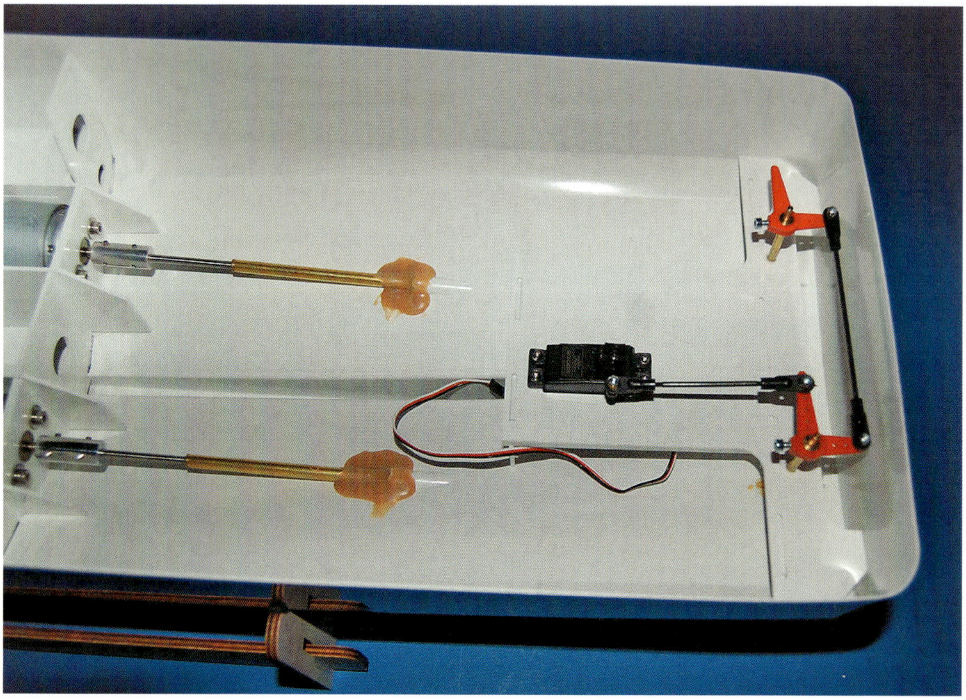
Einbau der Ruderanlage im Heck.

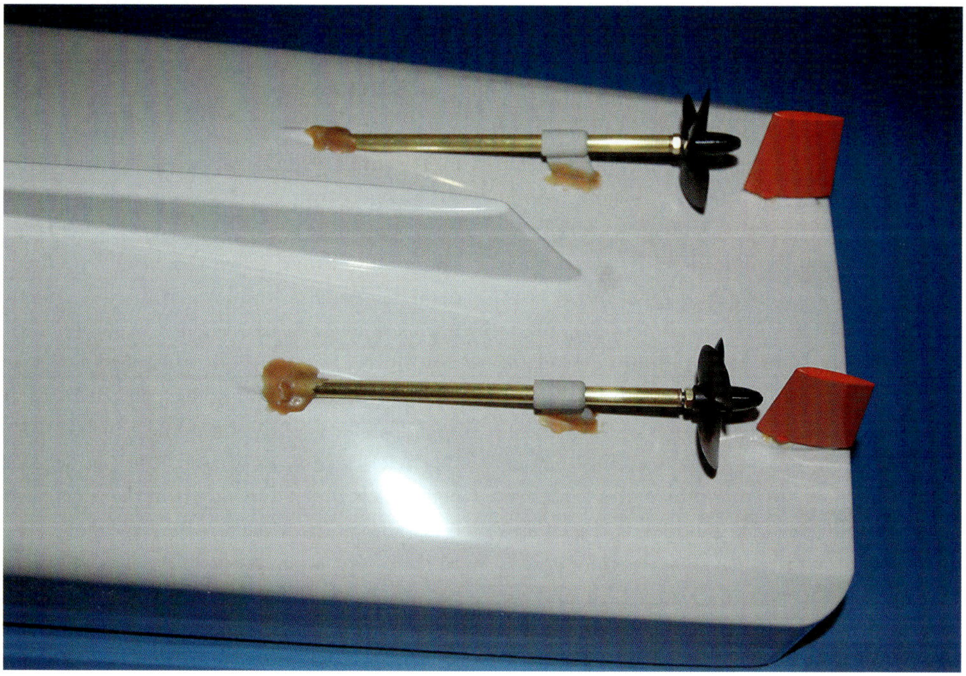
Einbau der Ruder, des Schiffspropellers und der Stevenrohr-Abstützungen.

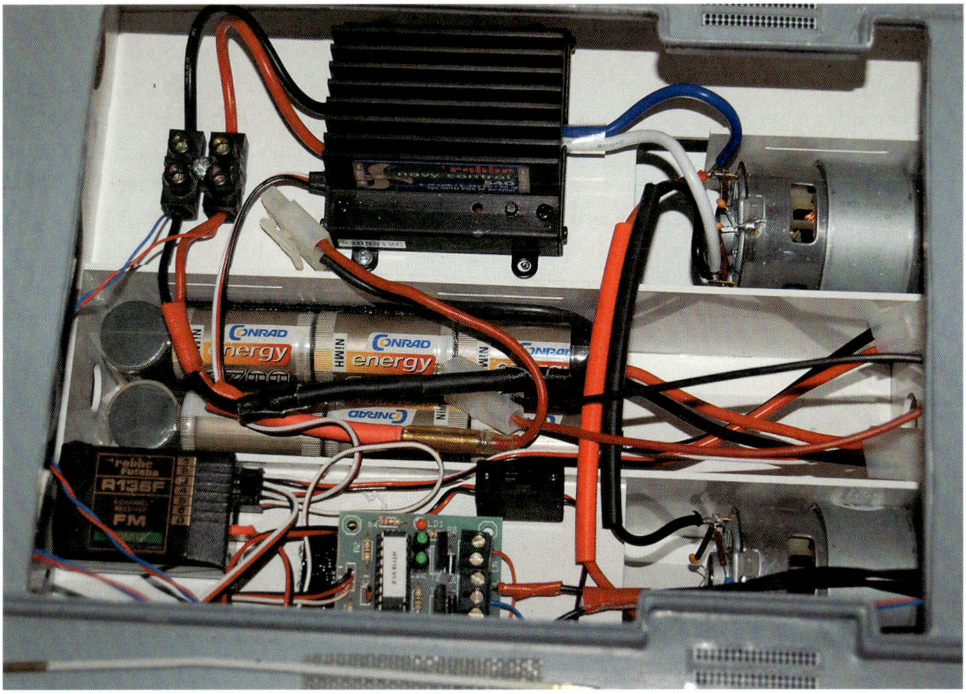

Einbau des Empfängers und des 2 Kanal-Memory-Schalters auf dem Motorträger.

Blick durch die Decksöffnungen bei provisorisch aufgelegtem Deck.

le. Werden gleichzeitig die Maschinen auf Vorwärtsfahrt gebracht, legt das Modell elegant ab und sticht in See.

In Baustufe 3 werden die Arbeiten am Deck beschrieben. Beim Deck 3.1 werden zunächst die äußeren schraffierten Felder mit einer Laubsäge ausgeschnitten. Da das Deck sehr lang ist, geht das nicht auf einmal. Man muss abschnittsweise die Ränder aussägen. Wo das nicht möglich ist, hilft nur wieder die Bohrmaschine, mit der 1-mm-Löcher längs der Begrenzung Loch neben Loch gebohrt und dann mit einem scharfen Messer ausgeschnitten werden müssen. In gleicher Weise wird mit dem Decksausschnitt verfahren. Um eine bessere Steifigkeit in des Deck zu bekommen, rate ich den Decksausschnitt in drei Teilbereiche aufzuteilen und zwei Stege stehen zu lassen. Diese Stege werden von unten durch ABS-Streifen noch verstärkt.

Die Bohrungen für die Aufnahme der Relingstützen sind mit einem 2-mm-Bohrer in das Deck zu bohren. Laut Bauanleitung soll nun das Deck auf den Rumpf geklebt werden. Besser ist es damit zu warten, bis alle Arbeiten am Deck, wie das Anbringen der Reling, der Poller und anderer Teile aufgebaut sind. Diese Arbeiten lassen sich wesentlich leichter durchführen, solange das Deck noch auf dem Arbeitstisch liegt.

Alle Teile der Bugschanzverstärkung sowie die Schanzabstützungen 3.9 bis 3.16 austrennen, bearbeiten und in das Schanzkleid einkleben.

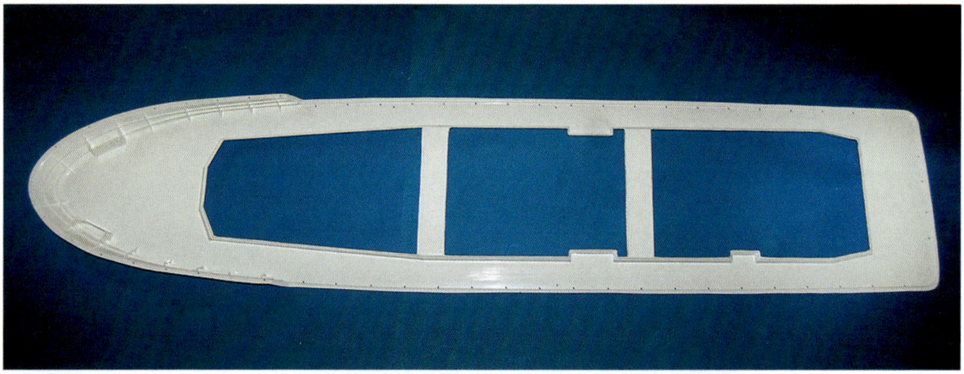

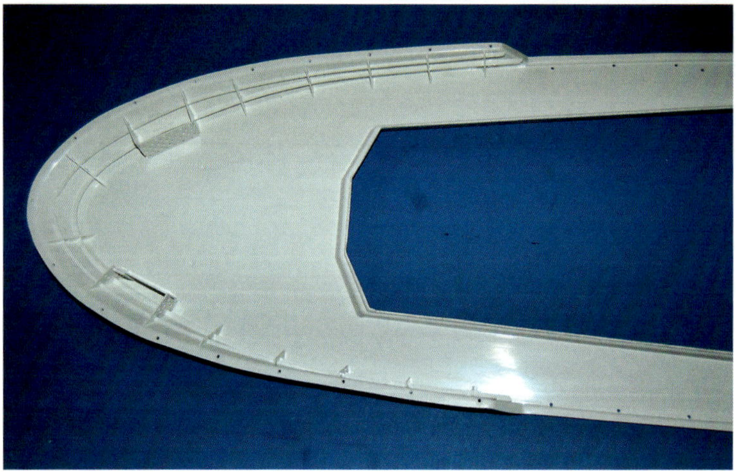

▲ Vorbereiten und Lackieren des Decks.

◀ In die Bugschanze sind Verstärkungen einzukleben und auf dem Deck zu befestigen.

Bohrlöcher für die Relingsstützen bohren und Reling einsetzen.

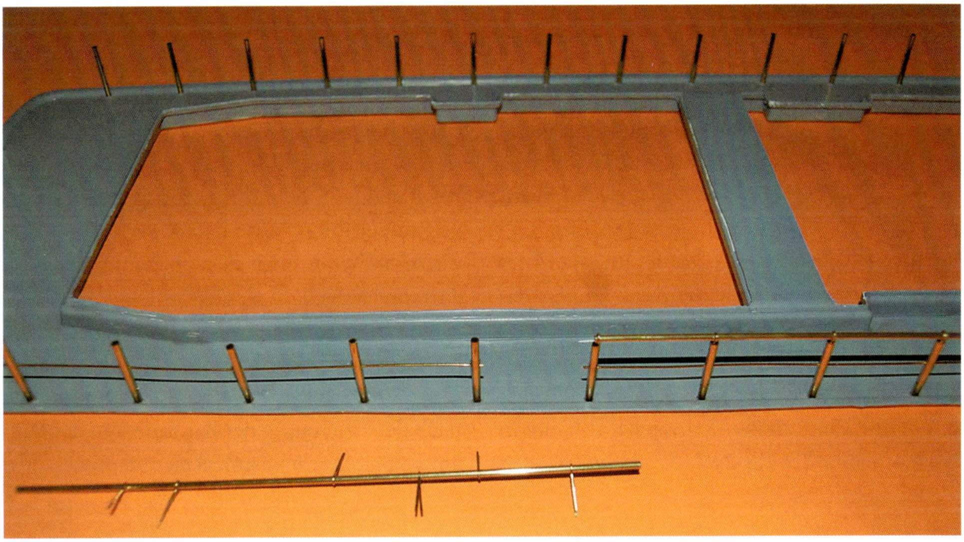

Relingsdrähte durch die Relingstützen einführen.

Danach die Relingstützen 3.4 in die vorgesehenen Befestigungslöcher einsetzen und einkleben. Die Relingmessingdrähte werden durch die vorgebohrten Relingstützen eingeschoben. Die Handlaufrohre 3.6 (Messingrohr 2,5 mm Durchmesser) wie in der Bauanleitung beschrieben anbringen. Abschließend das Deck dunkelgrau lackieren.

Nachdem das Deck lackiert ist und auch die Poller 3.44/3.45, die Trossenführung 3.46 und die Schwanenhalslüfter 3.47 angebracht wurden, legen wir das Deck zunächst beiseite und nehmen uns den Rumpf vor, der nun zum Lackieren ansteht. Damit die Farbe gut haften kann, muss der Rumpf vorbehandelt werden. Da gibt es mehrere Möglichkeiten.

Entweder den Rumpf mit Waschbenzin oder Spiritus abreiben, oder ein Gefäß mit Wasser aufstellen und einen Tropfen Pril hineingeben. Dann mit einem Lappen den Rumpf abwaschen und trocknen lassen. Jeder hat da so seine eigene Methode und Erfahrungen.

Nachdem die Wasserlinie eingezeichnet ist, wird zwischen Unterwasserschiff und den Bordwänden ein Tesastreifen längs der Wasserlinie rund um den Rumpf befestigt und zwar so, dass zuerst das Unterwasserschiff bemalt werden kann. Farbe: Rot. Wieviele Anstriche notwendig sind, muss jeder für sich entscheiden. Zwei werden es auf jeden Fall sein.

Die Farbe gut austrocknen lassen, den Tesastreifen abziehen und das Überwasserschiff dunkelblau lackieren. Aufpassen, dass keine blaue Farbe nach unten läuft. Abschließend kann ein schwarzer Zierstreifen zwischen dem Überwasserschiff und dem Unterwasserschiff angebracht werden. Wir bleiben beim Rumpf und bringen auf beiden Seiten der Bordwände die vorher orange lackierten Scheuerleisten-Unterbauten 3.32 und 3.34 sowie die Scheuerkissen 3.35 an. Ebenfalls an beiden Seiten des Bugs wird der Name *Sylt* und in der Mitte des Rumpfes das Dekor *Küstenwache* angebracht. Auch die beiden Anker sind jetzt in die Öffnungen einzusetzen. Da die meisten deutschen Küstenwachschiffe die Querstreifen Schwarz-Rot-Gelb an beiden Seiten der Bordwände tragen, werden diese aus Klebefolie ausgeschnitten und angebracht. Es ist darauf zu achten, dass die Querstreifen mit Gelb beginnen und nach hinten hin mit Rot und Schwarz enden. Dabei ist der gelbe Querstreifen am breitesten. Nach hinten hin verjüngen sich die Querstreifen.

Am Heck werden die beiden Abgasrohr-Attrappen 3.33 und die Plattform, bestehend aus den Teilen 3.20, 3.21 und 3.22 angebracht. Damit ist der Rumpf fertig und das Deck kann jetzt auf den fertigen Rumpf aufgeklebt werden. Nun sind noch die beiden Mülltonnen 3.50 bis 3.53 und die beiden Rettungsinseln zusammenzubauen und an der richtigen Stelle anzubringen.

Baustufe 4 beschreibt den Zusammenbau der Ankerwinde. Soll die Ankerwinde als Sonderfunktion funktionsfähig gemacht werden, so ist dazu der Sonderfunktionssatz *Sylt*, Bestellnummer 11943000, erforderlich und es wird ein weiterer Kanal der Fernsteueranlage benötigt. In diesem Fall ist der Aufbau genau nach der Bauanleitung und den dortigen Zeichnungen auszuführen. Wird darauf verzichtet, kann die Ankerwinde auch als nicht funktionsfähige Attrappe aufgebaut werden, wie hier gezeigt.

Aus der Fräsplatte „G“ werden die Teile 4.2 bis 4.13 und aus der Fräsplatte „F“ die Teile 4.1, 4.14 und 4.15 ausgeschnitten. Diese Teile sind nach der Zeichnung der Baustufe 4 in der Bauanleitung zusammenzustecken und miteinander

Den Rumpf lackieren und alle Dekors anbringen.

Heckplattform anfertigen und am Heck anbringen.

Müllkästen, Rettungsinseln und Leitern anbringen.

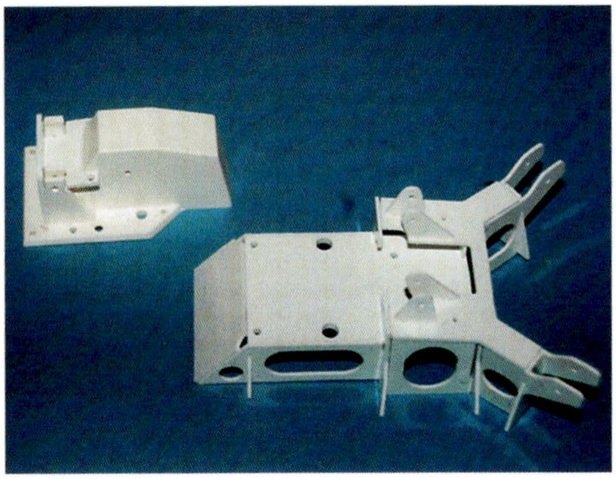
Ankerwinde nach Plan zusammenbauen.

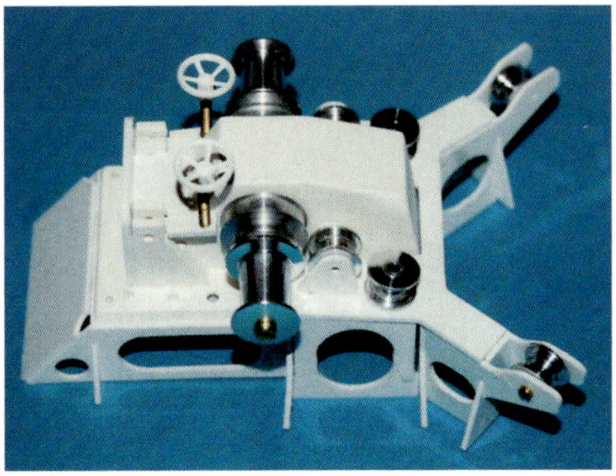
Die fertige Ankerwinde.

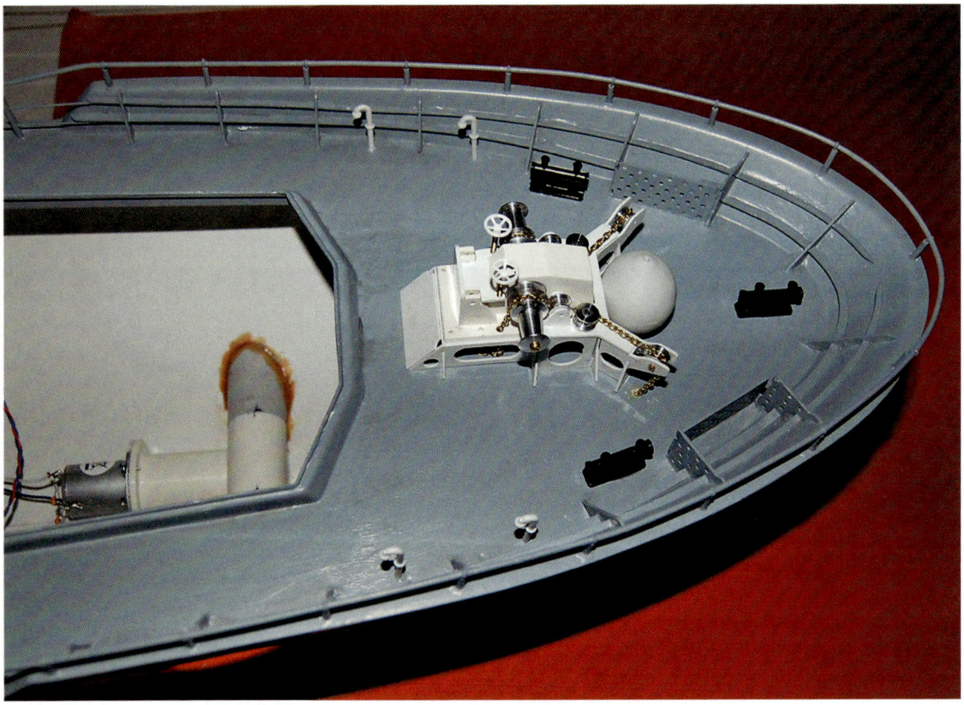
Aufbau der Ankerwinde am Bug.

zu verkleben. Sinngemäß sind die mechanischen Teile 4.20 bis 4.31 (Rollen, Achsen und Schrauben) nach Plan in das Ankergehäuse einzusetzen. Bei einer funktionsfähigen Ankerwinde müssen diese Teile beweglich bleiben, bei einer Attrappe ist dies nicht unbedingt erforderlich.

In der Baustufe 5 der Bauanleitung wird der Zusammenbau des Aufbaus beschrieben. Der Aufbau besteht aus dem Unterteil, dem Oberteil mit der Dachkonstruktion, und dem Mast. Auf dem hinteren Teil des Unterbaus werden das Schlauchboot und der Kran aufgebaut.

Bauteile für den Aufbau zurechtlegen.

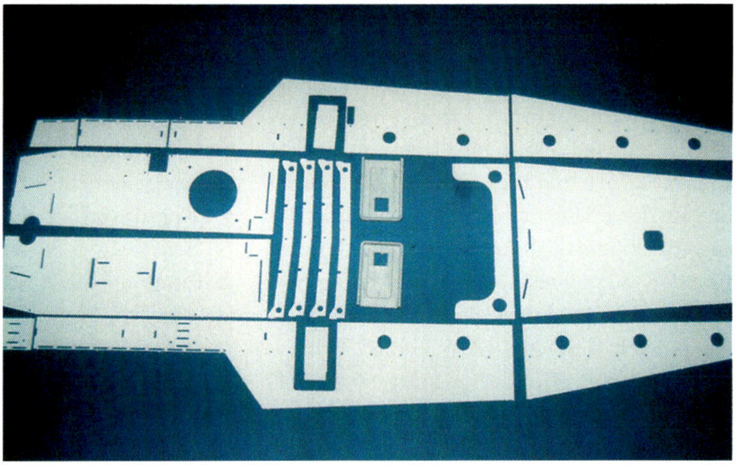

Teile nach Plan zusammenbauen, Draufsicht.

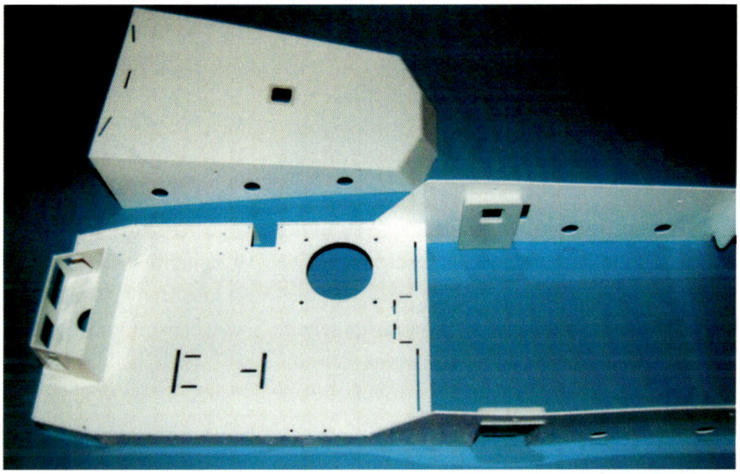

Ansicht von unten.

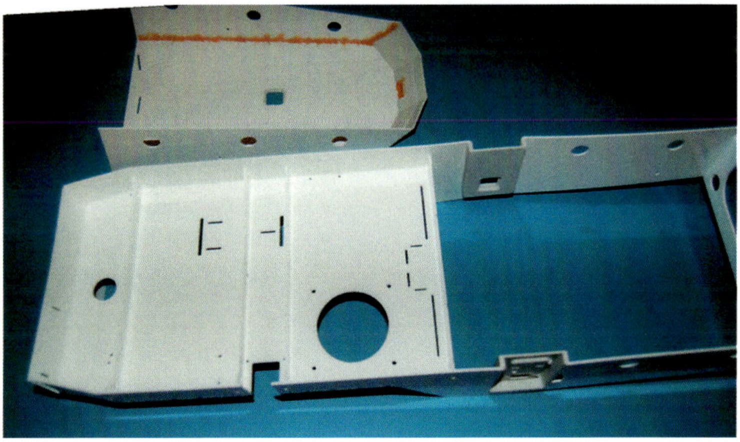

Die beiden unterschiedlichen Seitenteile 5.2, 5.3, die beiden gleichen Seitenteile 5.6, die Vorderfront 5.7, das vordere Dach 5.8/5.9, die Querversteifungen 5.5 und 4 × 5.10 sowie die hinteren unterschiedlichen Auflageflächen 5.12/5.18 und Endstücke 5.19/5.20 werden aus den Fräßplatten „B", „D", „E" und „F" ausgetrennt und die Kanten mit einer Schlüsselfeile oder Schmirgelpapier begradigt. Die Seitentüren 5.1, die als Fertigteil beiliegen werden von innen in die Seitenteile 5.2 und 5.3 eingeklebt. Die Schlitze für die Querträger 5.10 sind eckig auszuarbeiten. Laut Bauanleitung sollen die Bullaugen 5.4 in die Seitenteile eingesetzt werden. Es ist jedoch besser damit noch zu warten und sie erst nach dem Lackieren einzusetzen. Der Hilfsspant 5.5 ist an die innere Vorderkante der Seitenteile 5.2 und 5.3 zu kleben.

Vordere Seitenteile 5.6 mit Formspant 5.7 (Fertigteil) an die Seitenteile ansetzen und verkleben. Dabei ist die vordere Deckplatte 5.9 einzubeziehen. Hintere Querträger 5.10 in die Teile 5.3 (2 ×) und 5.17 (2 ×) einkleben. Die Treppe 5.11 an die linke Deckplatte 5.12 ankleben. Ist kein Lautsprechereinbau vorgesehen, Lautsprecherabdeckung 5.13 mit den Schrauben 5.14 und den Muttern 5.16 in Deckplatte 5.12 einsetzen. Deckplatten 5.12 und 5.18 auf die Querträger 5.10 und zwischen die Seitenteile 5.2 und 5.3 kleben. Darauf achten, dass die Vorderkante der Platten mit der Vorderseite des Querträgers 5.10 bündig abschließen. Die kleinen Seitenteile 5.19 und 5.20 der senkrechten Kontur von 5.2 und 5.17 folgend ankleben.

Teile 5.23, 5.24, 5.25 und 5.26 ausschneiden und auf die Abschlussplatten 5.12, 5.18 kleben.

Fensterteile 5.41 bis 5.46 ausschneiden und Fensterfassungen (liegen als Fertigteile bei) ohne Druck einsetzen. Aufpassen dass sich die Formteile nicht verziehen, um das spätere Einsetzen der transparenten Fenster zu erleichtern. In einigen Fällen müssen die Frästeile vorsichtig nachgearbeitet werden.

Fensterseitenteile 5.41/5.45 zusammen mit den Frontfenstern 5.42, 5.43 und 5.44 auf den Aufbau-Unterteil aufkleben und ebenso die rückwärtigen Teile 5.46, 5.49 und 5.50 in den Aufbau einkleben. Zur Stabilisierung der Deckenbefestigung Teile 5.55 und 5.56 zwischen die Fensterseiten einsetzen. Von unten die Fensterbank 5.54 einbauen. Sie schließt an die seitlichen Fensterfassungen an. Teile 5.51, 5.52, 5.53, 5,57 und 5.58 wie auf dem Bild

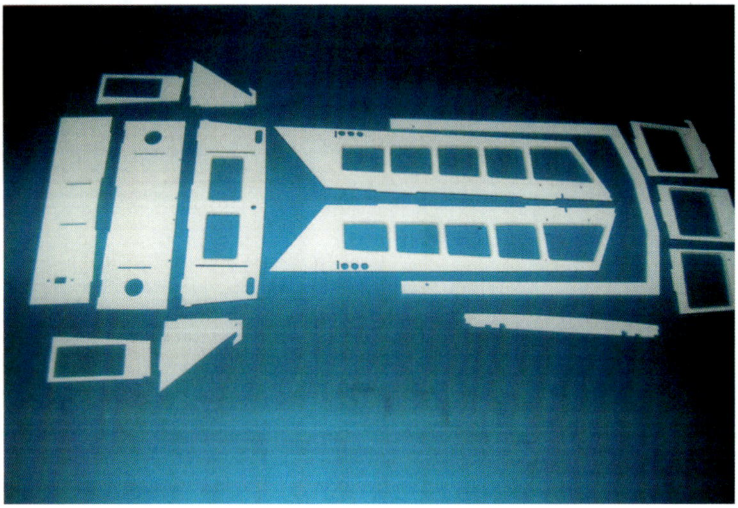

Fensterteile nach Plan zusammenbauen.

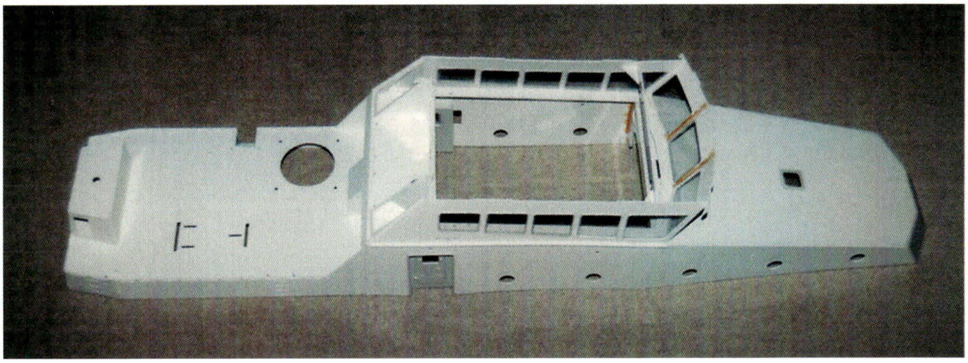

Der zusammengebaute Aufbau.

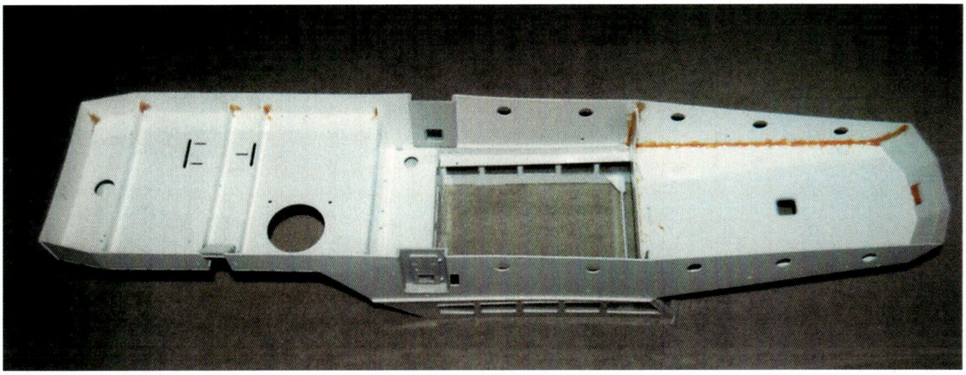

Blick in den Aufbau von unten.

der Bauanleitung gezeigt einkleben. Damit ist der Rohaufbau des Aufbaus fertiggestellt und kann vor dem Lackieren gespachtelt und geschliffen werden.

Der Aufbau wird durch die Dachkonstruktion, Baustufe 7, nach oben hin abgeschlossen. Dazu ist das Dach 7.10 mit den Seitenteilen 7.14, der Rückwand 7.13 und den drei vorderen Abschlussteilen 7.12 und 2 × 7.15 aus den ABS-Platten herauszudrücken. Alle diese Teile werden nach der Zeichnung in der Bauanleitung zur Dachkonstruktion zusammengesetzt und anschließend auf dem oberen Teil des Aufbaus befestigt. Damit sind die Hauptarbeiten am Aufbau erledigt und der Aufbau kann gespachtelt und anschließend lackiert werden. Es ist angebracht, vorher noch den Handlauf anzubringen. Das kann auch nach dem Lackieren geschehen, dann muss der Handlauf jedoch nachträglich lackiert werden.

Wie eingangs erwähnt, kann eine Bordbeleuchtungsanlage mit Blaulichtblinker und einer Sirene eingebaut werden, ohne eine teure Mehrkanal-Anlage anschaffen zu müssen. Das geht mit unserer 4-Kanal-Anlage auch. Zunächst werden die Lampen eingebaut, und zwar die kleinen 6-Volt/50-mA-Lämpchen. In den Aufbau werden folgende Lämpchen eingebaut: Eine Doppellampe über der Tür etwa in der Mitte des Aufbaus zu beiden Seiten. Eine Lampe unter dem zweiten Fenster, je eine Doppellampe am vorderen und hinteren Aufbau, ebenfalls beidseitig. Für den Aufbau benötigt man demnach 14 Stück 6-Volt-Lämpchen. An

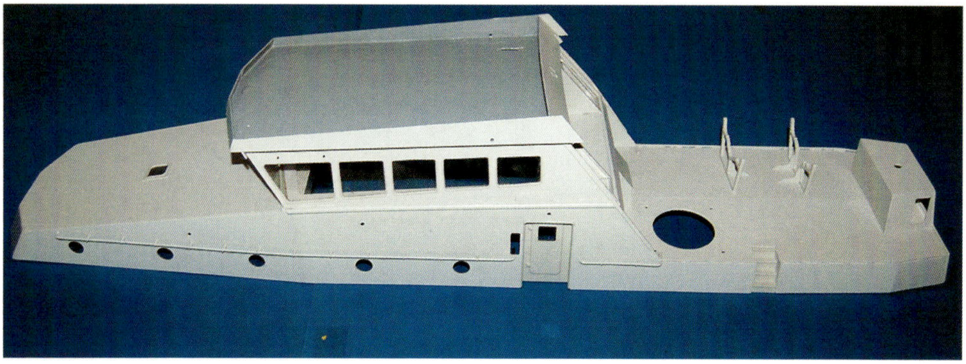

Seitliche Ansicht des lackierten Aufbaus.

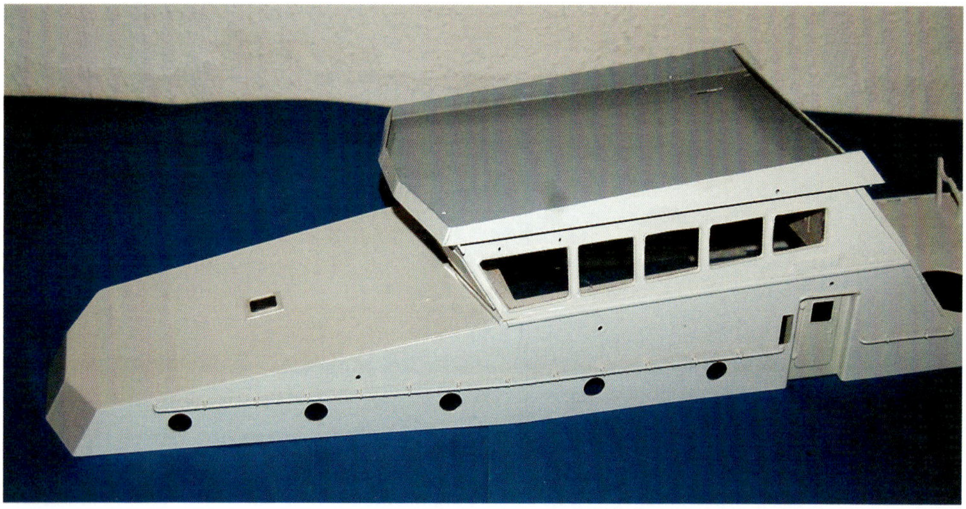

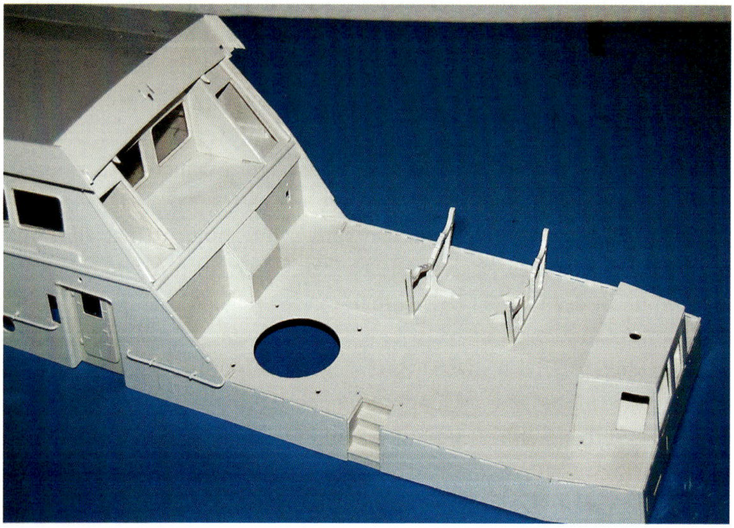

▲ Anbringen der Handläufe am fertigen Aufbau.

◄ Der hintere Teil des Aufbaus: Hier wird der Kran befestigt und die Auflage für das Beiboot.

Der fertige Aufbau mit einer Bordbeleuchtung.

allen Stellen, wo Lampen eingesetzt werden sollen, werden 2-mm-Löcher gebohrt. Von vorne werden die Drähte der Lampen durch die Löcher nach innen geschoben. Die Doppellampen werden so befestigt, dass eine nach links und die andere nach rechts abgewinkelt eingesetzt wird. Darüber kommt die Lampenabdeckung 5.141. Einzellampen werden in die Lampenhalterung 5.142 eingesetzt. Die Positionslichter sind genau nach Bauanleitung auf Seite 50 zusammenzubauen und am Dach zu befestigen. Für die Positionslichter werden zwei rote und zwei grüne 6-Volt-Lämpchen benötigt.

Die Verdrahtung aller Lampen erfolgt im Inneren des Aufbaus. Als Hilfsmittel fertigt man sich kleine Lötstützpunkte aus Splinten 3.5 an, die auf einer ABS-Leiste angebracht werden, die aus ABS-Abfallstücken hergestellt wird. Dort führt man die Drähte zusammen, getrennt nach Plus und Minus, was für die Lampen zwar keine Bedeutung hat, aber es ist so übersichtlicher. Nach Fertigstellung der Verkabelung wird eine 6-Volt-Stromquelle angeschlossen und kontrolliert, ob alle Lampen leuchten.

Soll auch eine Sirene eingebaut werden, muss an der vorgegebenen Stelle in die Platte 5.12 der Lautsprecher eingesetzt werden. Die Abdeckplatte 5.13 wird mit Abstandsstücken darüber angeschraubt, sodass zwischen Abdeckplatte und Aufbau ein Luftspalt von ca. 4 mm verbleibt. Das Soundmodul der Sirene wird gleich neben dem Lautsprecher angebracht, sodass eine ganz kurze Kabelverbindung entsteht.

Um auch den Blaulichteffekt zur Wirkung kommen zu lassen, wird von Conrad ein SMD-Glühlampen-Wechselblinker (Bestellnummer: 22 49 01) verwendet, der unter dem vorderen Dach des Aufbaus befestigt wird. An die so hergestellte Lampenverkabelung können später auch die Scheinwerfer und Dachleuchten angeschlossen werden.

Wie weiter oben erwähnt, ist es möglich, auch bei diesem Fahrmodell eine Sirene, funktionierende Blaulicht-Blinklichter und eine Bordbeleuchtung einzubauen. Dies geht auch mit unserer 4-Kanal-Anlage und einem 2-Kanal-Memory-Schalter von Conrad-Elektronik. Der 2-Kanal-Memory-Schalter wird wie ein Servo an einen Kanal des Empfängers angeschlossen. In unserem Fall ist das noch der freie Kanal 4. Nach dem Anschluss des 2-Kanal-Memory-Schalters werden aus dem Ka-

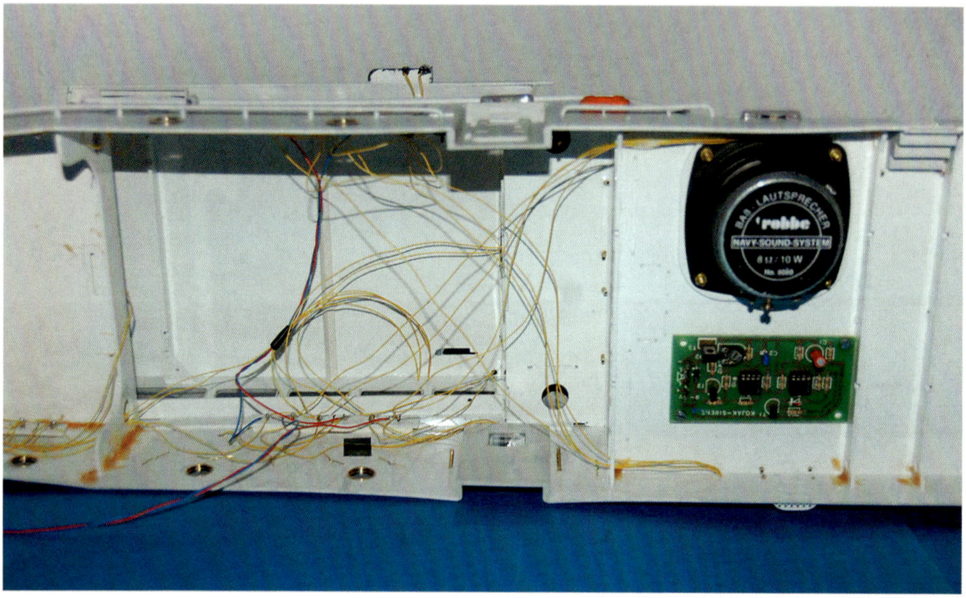

Einbau eines Sirenenmoduls mit Lautsprecher.

nal 4 zwei Kanäle „A“ und „B“. Diese elektronischen Schalter funktionieren im Prinzip so, dass bei Senderhebel-Auslenkung in positive Richtung (also zum Maximum hin) jeweils der eine Schalter „A“ aktiviert wird und in entgegengesetzter Richtung (zum Minimum hin) der andere Schalter „B“. Auf der Empfängerseite besteht die Aufgabe einer solchen Schaltung also darin, die Auslenkung gegenüber der Neutralstellung zu erkennen und einen der beiden Schalter zu aktivieren. In unserem Fall haben wir dafür Kanal 4 vorgesehen. Wird der Knüppel von Kanal 4 nach links bewegt, spricht Kanal A des 2-Kanal-Memory-Schalters an und schaltet die blinkenden Blaulichter und die Sirene ein. Kanal A bleibt solange eingeschaltet, bis der Knüppel wieder nach links geschoben wird. Kanal A bekommt dann das Signal, wieder auszuschalten. Wird der Knüppel nach rechts gelegt, schaltet Kanal B des 2-Kanal-Memory-Schalters ein. Damit wird die Bordbeleuchtung eingeschaltet. Sie wird wieder ausgeschaltet, wenn der Knüppel wieder kurz nach rechts bewegt wird. Auf diese Weise erreicht, man, dass aus einem Kanal zwei Kanäle gemacht werden und man drei Sonderfunktionen ein- und wieder ausschalten kann.

Nun sind noch alle anderen Einzelteile am Aufbau anzubringen. Dazu gehören die Bullaugen und die Handhalter bei den Treppen und Aufgängen, die aus Messingdraht entsprechend den Zeichnungen in der Bauanleitung hergestellt werden. Die Abmessungen gehen aus den Zeichnungen der Bauanleitung auf Seite 37 hervor.

Nachdem auch diese Teile lackiert sind, geht es weiter mit Baustufe 8, dem Mast. Baustufe 6 ist für uns nicht relevant, es sei denn, man will auch die Inneneinrichtung in die Kommandobrücke einbauen. Dazu ist allerdings der Kabinenbausatz Nr. 11944000 erforderlich, auf den ich hier nicht eingehe. Zunächst wird das Grundgestell des Mastes zusammengebaut, bestehend aus den Teilen 8.1 bis 8.13. Der Zusammenbau geht aus der Zeichnung in der Bauanleitung auf Seite 52 hervor.

Anbringen der Handhhalter und Kleinteile am Aufbau.

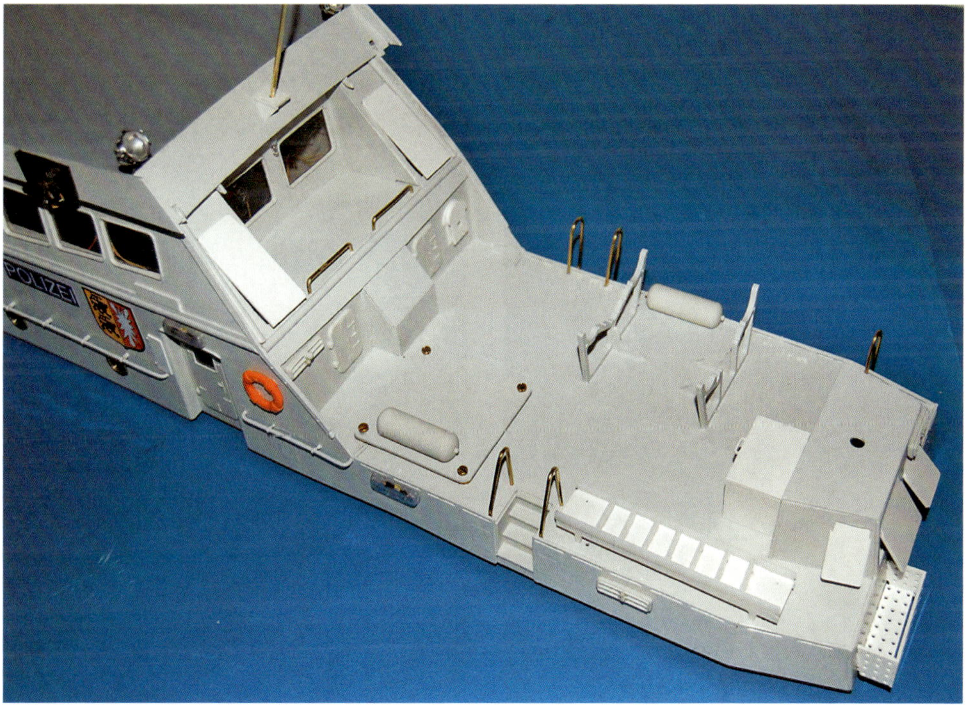

Fertigstellen des hinteren Aufbautenteils.

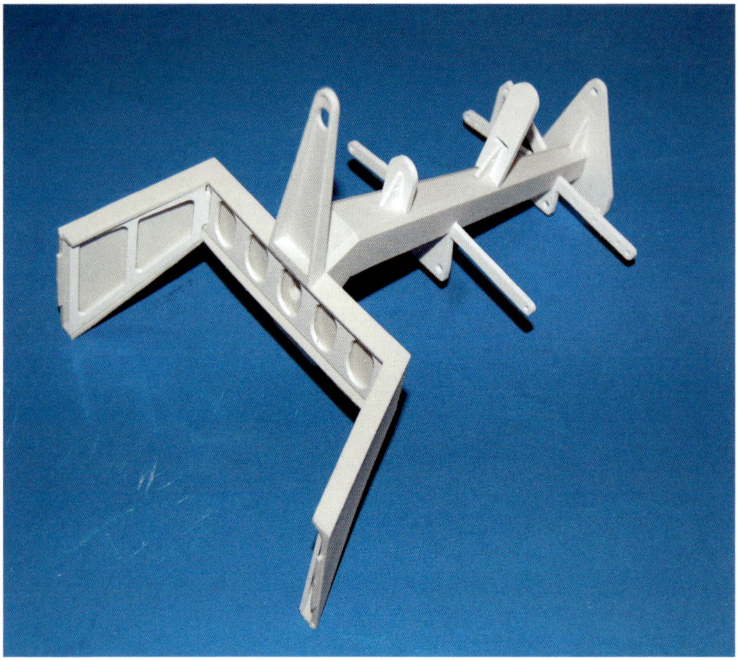

Zusammenbau der Teile für den Mast.

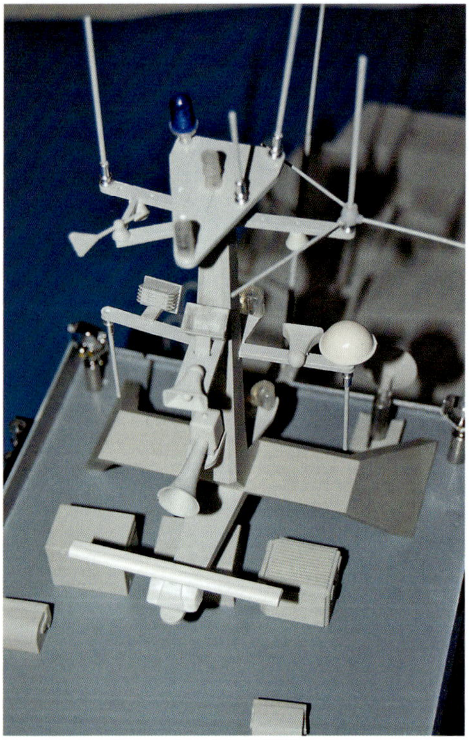

Aufbau des Mastes auf dem Brückendach.

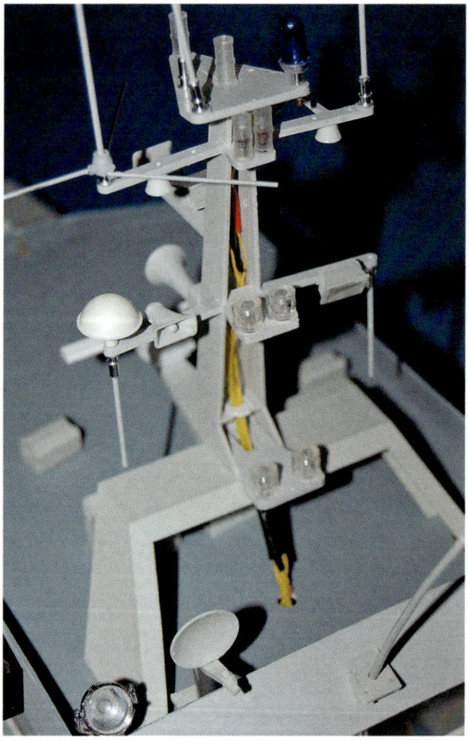

Mastansicht von hinten auf dem Brückendach.

Scheinwerfer, Blaulichter und Antenne werden am Aufbaudach angebracht.

Danach erfolgt der Aufbau der Antennen, des Typhons und Radargerätes auf dem Grundgestell. Wo die einzelnen Teile hingehören geht aus der Zeichnung der Bauanleitung auf Seite 55 hervor. Wenn alle diese Teile ihren Platz gefunden haben, wird der fertige Mast auf dem Dach des Aufbaus angebracht. Außerdem werden auf dem Dach noch die drei Scheinwerfer 8.64, 2 × 8.60, der Satelliten-Antennenträger, zwei Lüftergehäuse 8.57, zwei Kästen 8.55 und der Generator 8.53 angeklebt.

Um einen richtigen Blaulichteffekt zu bekommen, wurden die beiden funktionierenden Blaulichter des SMD-Glühlampen-Wechselblinker-Bausteins der Firma Conrad-Electronik auf dem Dach angebracht. Dafür ist das Blaulicht am Mast nur eine Attrappe.

Es folgt der Zusammenbau des Krans, Baustufe 9. Auch beim Aufbau des Krans gilt, was beim Aufbau der Ankerwinde bereits gesagt wurde. Soll der Kran funktionsfähig als Sonderfunktion aufgebaut werden, sind dazu die Bausätze Kran, Bestellnummer: 11941000 und der Sonderfunktionssatz, Bestellnummer: 11943000 erforderlich. Auch ein weiterer Fernsteuerkanal wird benötigt. Soll der Kran als Attrappe aufgebaut werden, wird dazu nur der Bausatz Kran, benötigt. Bei der funktionsfähigen Version muss genau nach Bauplan gearbeitet werden. Ich beschreibe hier den einfacheren normalen Aufbau.

Zunächst werden die Frästeile 9.1 und 9.5 aus der ABS-Platte „J" ausgeschnitten und mit den Teilen 9.2, 9.3 und den Schrauben 9.4 zusammengebaut. Das Messingrohr 9.8 wird eingesetzt, der Messingstift 9.14 in die Bohrung eingeschoben und das Fertigteil 9.12 ist aufzusetzen und bis zum Stift herunterzuschieben. Die Teile 9.13 sind anzukleben.

Es folgt der Zusammenbau des Kranauslegers. Die drei Rohre 9.40 sind in die Halterungen 9.39 einzuschieben. Nicht festkleben! Gehäuse 9.32 und 9.33 zusammenkleben, Rolle 9.35 befestigen. Auslegerhalterung 9.44 und 9.45 zusammenkleben und an Kranausleger-Gehäuse befestigen. Teil 9.42 einschieben und festkleben. Den beweglichen Teil des Kranauslegers nach Zeichnung in der Bauanleitung mit dem Abschlussteil verkleben. Die drei Messingdrähte in die drei Rohre des Kranauslegers zusammen mit dem beweglichen Teil des Kranauslegers einführen. Dieser Teil bleibt beweglich. Kranausleger auf Rohr des Kranmastes aufstecken.

Der Kranunterbau wird von unten in den hinteren Teil des Aufbaus am letzten Querträger befestigt. Siehe dazu die Zeichnung auf Seite 57 der Bauanleitung. Der fertig zusammengebaute Kranausleger ist von oben in die Halterung einzuschieben. Beim Einbau genau an die Abbildungen halten – der Kranausleger muss sich drehen lassen!

Es geht weiter mit dem Zusammenbau des Beibootes, Bauabschnitt 10. Die dazu erforderlichen Einzelteile werden aus der ABS-Platte herausgedrückt und die Tiefziehteile 10.5 und 10.5 sind nach den Markierungen zu beschneiden. Die Frästeile 10.1 bis 10.3 werden zusammengeklebt und bilden das Gerippe der beiden Halbteile des Bootskörpers. Der weitere Zusammenbau erfolgt nach den Zeichnungen in der Bauanleitung.

Das fertig lackierte Beiboot wird auf die Bootshalterung gestellt und mit den Auflagen 5.115 festgesetzt.

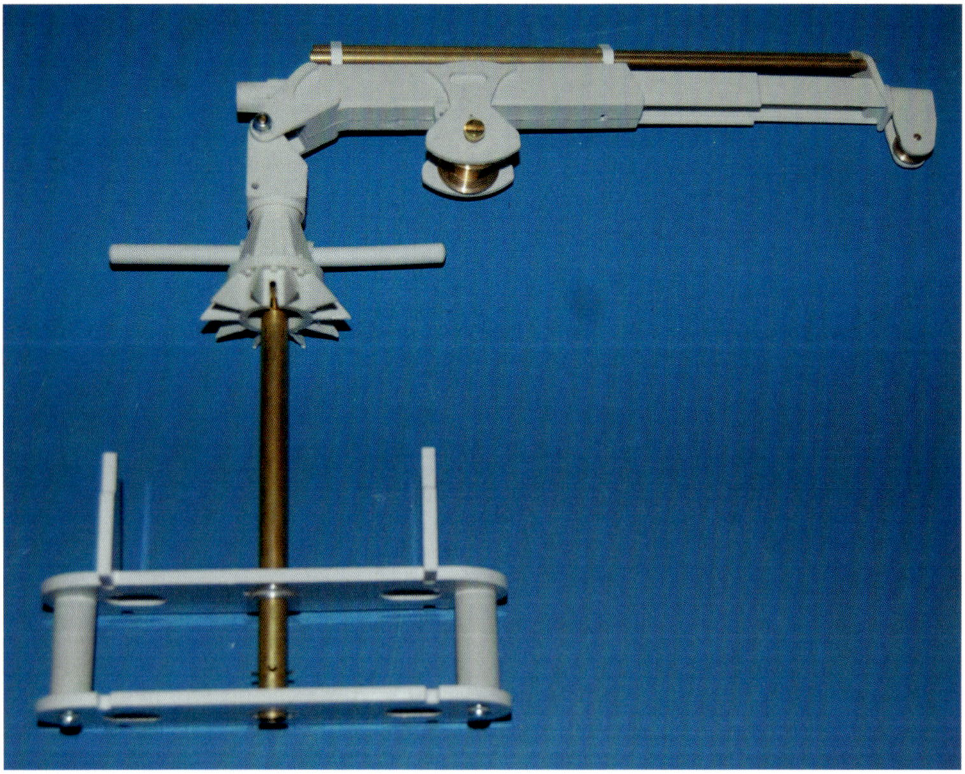

Zusammenbau des Krans.

Kranbefestigung unterhalb des Aufbaus.

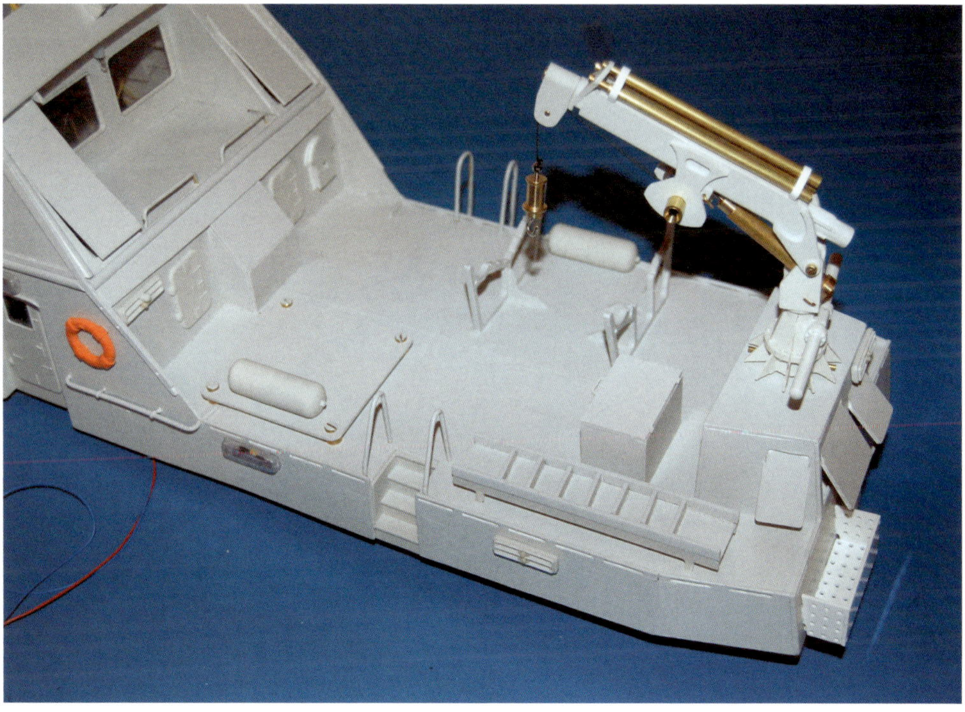

Der Kran wird aufgesetzt und befestigt.

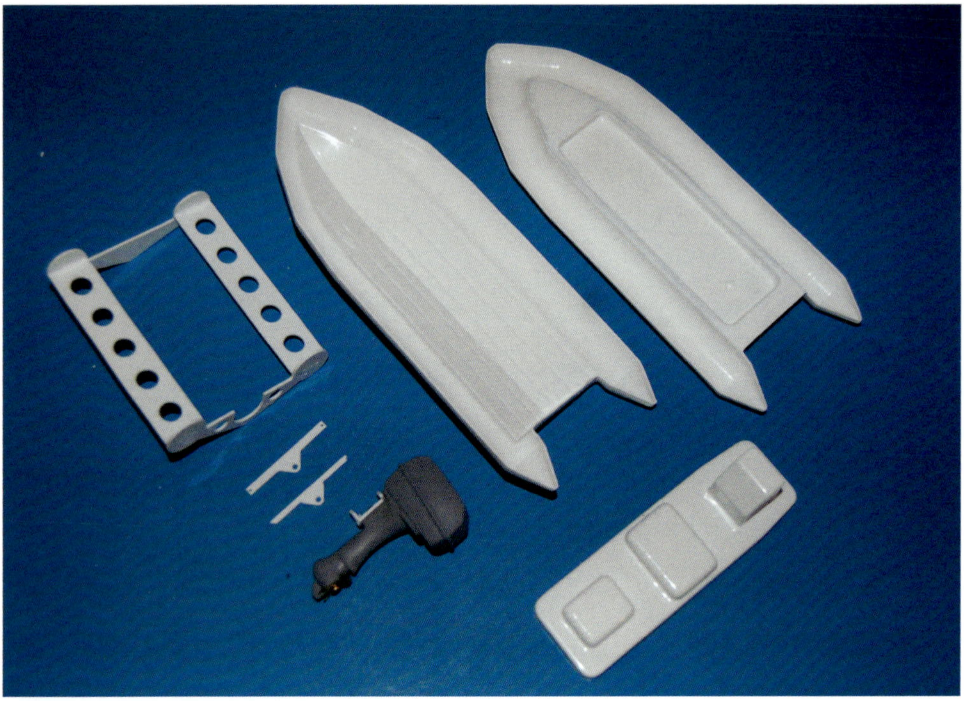

Teile für das Beiboot werden zurechtgelegt.

Das fertige Beiboot wird aufgesetzt.

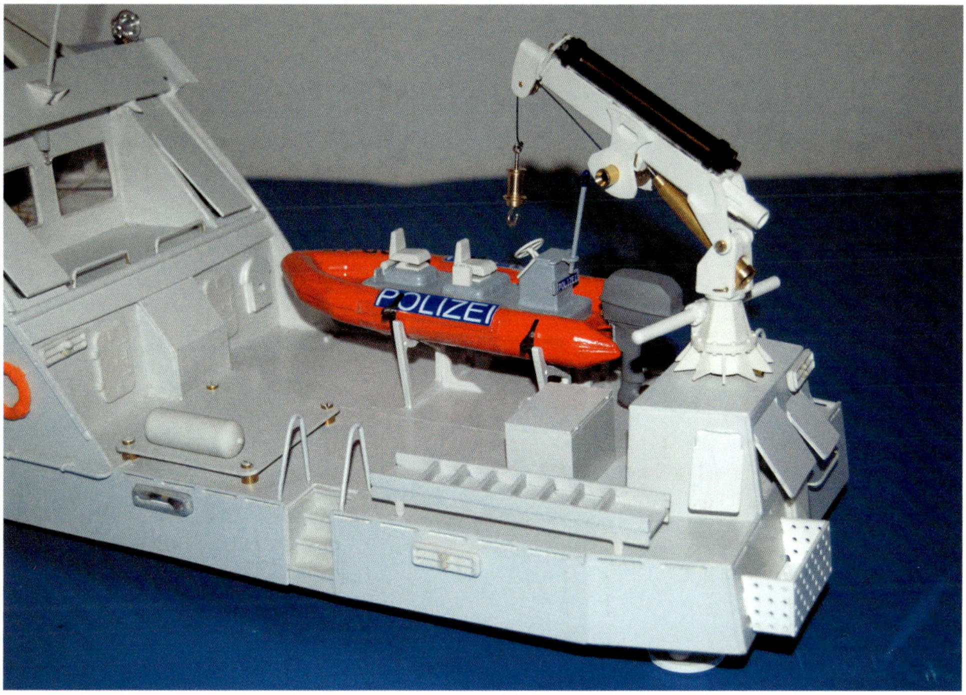

Kran und Beiboot am hinteren Teil des Aufbaus.

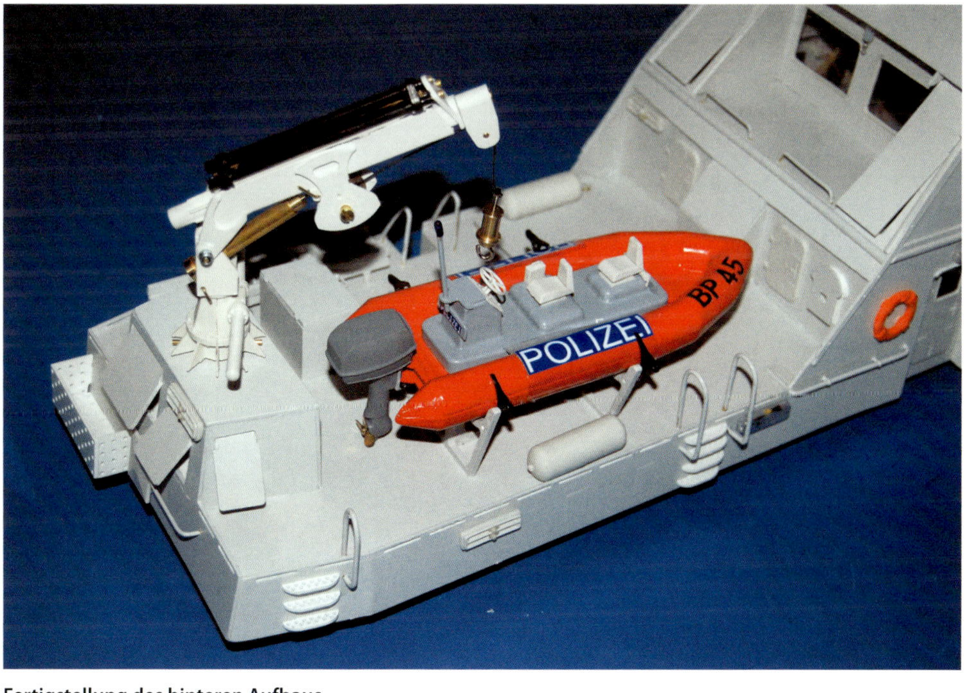

Fertigstellung des hinteren Aufbaus.

Der gesamte Aufbautenteil ist vom Deck abzunehmen.

Heckansicht des Modells.

Das fertige Modell Polizeiboot Sylt.

Die Kommandobrücke.

Frontansicht des Modells Sylt.

Die Bordbeleuchtung ist eingeschaltet.

Die Sylt, Ansicht von achtern.

Damit ist der gesamte Aufbau fertiggestellt und kann auf den Rumpf über den Süllrand aufgesetzt werden. Wir erleben ein imposantes Bild des fertigen Modells *Sylt*.

Abschließend werden noch die letzten Verfeinerungen am Aufbau vorgenommen, dazu gehören die beiden funktionsfähigen Blaulichter auf dem Dach (robbe Bestellnummer: 1648) und die Bundesdienstflagge (Flaggenstock: robbe 1351 und Flagge: robbe 1360). Danach wird der Aufbau wieder vom Deck abgenommen, denn nun muss die Endverkabelung im Inneren des Rumpfes vorgenommen werden.

Dann war es soweit. Die *Sylt* stand fertig vor mir auf dem Arbeitstisch. Ich war begeistert und konnte mich an diesem Anblick nicht satt sehen. Die Testfahrten konnten beginnen. Mir wurde sofort klar, dass ich mit diesem großen Boot nicht alleine zum Modellbootteich gehen konnte, denn es ist unmöglich das Boot fernzusteuern und dabei gute Aufnahmen zu machen. Mein Sohn war sofort bereit mir zu helfen und mitzukommen. Wir mussten zunächst warten, bis sich eine Schlechtwetterfront verzogen hatte. Der Tag der Jungfernfahrt war da und am See angekommen sahen wir schon von Weitem die großen Wellen, denn es herrschte starker Wind und die Wellen entsprachen maßstäblich zur *Sylt* etwa Seegang 4 bis 5. Das Küstenwachboot *Sylt* konnte sich demnach gleich bei hohem Seegang bewähren und es hat sich bewährt, wie die Fahraufnahmen zeigen. Nachdem alle Vorbereitungen getroffen und der Sender und die Empfangsanlage eingeschaltet waren, setzten wir das

▲ Die Sylt in Fahrt.

▼ Ablaufendes Modell Sylt.

Das Modell in schwerer See.

Das Modell bei Seegang 4 bis 5.

Das Fahrbild ist fantastisch.

Boot ins Wasser. Auch dafür waren zwei Mann erforderlich. Mein Sohn musste den Bug und ich das Heck halten. Zusammen beugten wir uns über die Begrenzungsmauer des Sees. Ein Mann alleine hätte das kaum geschafft, ohne dabei mit der *Sylt* ins Wasser zu fallen. Hätte man jetzt die Maschinen eingeschaltet, wäre der Rumpf am Beckenrand längsgeschrabt und die Bordwand wäre beschädigt worden. Dank des Bugstrahlruders bewegte ich bei still liegendem Boot den Steuerknüppel für das Bugstrahlruder nach rechts oben, was dem Kommando „Ablegen nach Steuerbord" entsprach. Sofort löste sich der Bug von der Begrenzung und zeigte zum See. In diesem Moment gab ich das Kommando „Kleine Fahrt Voraus" und die *Sylt* legte vom „Bordstein" ab und fuhr in den See hinaus. Das hat also schon einmal geklappt. Ich zog den Fahrhebel weiter nach oben und die *Sylt* kam in Fahrt und stampfte gegen die Wellen an. Es war ein Bild, bei dem Freude aufkam.

Die weiteren Testfahrten verliefen wie erwartet zur vollsten Zufriedenheit. Die Manövrierfähigkeit ist ausgezeichnet, beim Kommando Stopp und Rückwärtsfahrt stoppt das Boot sofort und fährt rückwärts. Wir waren begeistert von dem schönen Fahrbild. Um die vielen Fahraufnahmen zu machen habe ich die *Sylt* von einer Seeecke in die andere getrieben. Während dieser ganzen Zeit von etwa einer halben Stunde arbeitete der LiPo-Fahrakku 4-5000 zu meinem Erstaunen, ohne dass ein Langsamwerden der Fahrgeschwindigkeit zu bemerken war. Die Jungfernfahrt war ein voller Erfolg.

Technische Daten des Modells *Sylt*:
Länge: 1.200 mm
Breite: 240 mm
Höhe: 550 mm
Verdrängung: 6 kg

Der Bug teilt die Wellen bei kabbeliger See.

Ein Polizeiboot nach eigenem Entwurf

In diesem Abschnitt möchte ich auf die Möglichkeit hinweisen, ein Küstenwachboot selbst zu entwerfen und aufzubauen. Wie man ein RC-Schiffsmodell nach eigenen Ideen entwirft und in der Praxis aufbaut, habe ich in meinem im vth erschienenen Buch Kreativer Schiffsmodellbau genau beschrieben, sodass ich hier nur auf das Wesentlichste eingehe.

Die einfachste Lösung ist, sich von den angebotenen Baukastenmodellen der Modellbaufirmen einen passenden Fertigrumpf auszuwählen, um sich den kompli-zierten Bau eines Rumpfes zu ersparen. Die Aufbauten werden dann nach Vorbildern und eigenen Ideen entworfen. Als Material dafür eignen sich ABS-Platten in den Stärken von 2, 3 und 4 mm. Für die Ausschmückung werden dann noch Beschlagteile benötigt, wie Positionslampen, Scheinwerfer, Nebelhörner, Mannlochdeckel, Saug- und Drucklüfter, Radargeräte, Poller, Re-

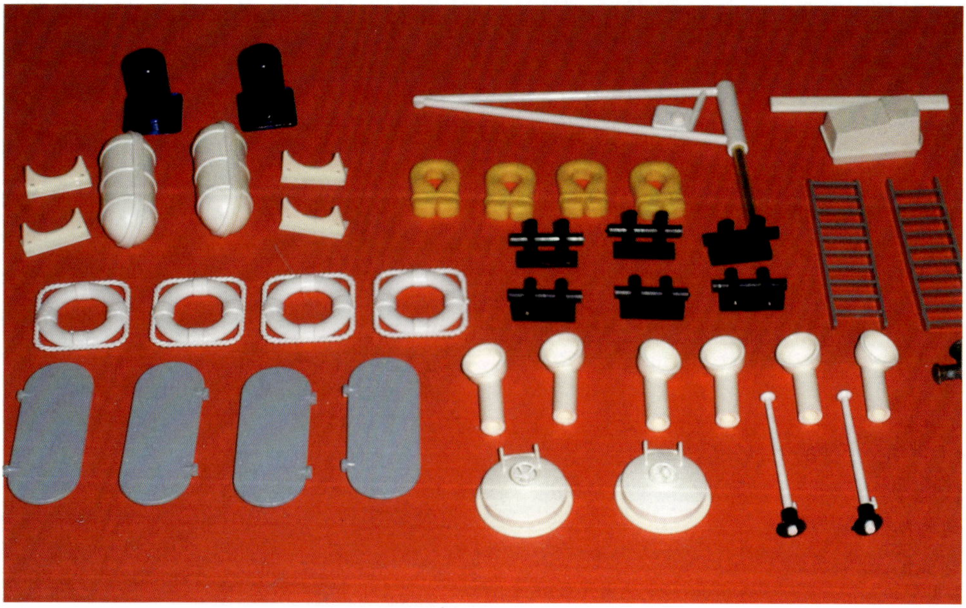

Beschlag- und Ausschmückungsteile.

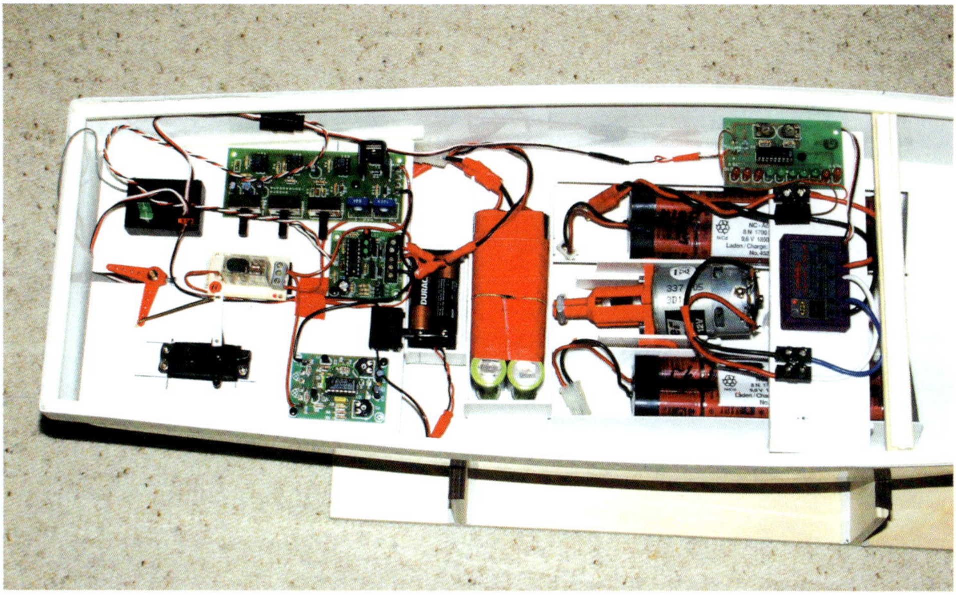

Alle RC-Komponenten werden in den Rumpf eingebaut, bevor das Deck aufgeklebt wird.

lingstützen, Hallanker, Flaggenmast, Rettungsinseln, Rettungsringe, Rettungswesten, Niedergänge, Schlauchboote usw. Die Firma robbe hat ein großes Angebot vorrätig. All diese Fertigteile gibt es meist in mehreren Größen z. B. für die Maßstäbe 1:50 und 1:25. Vor Baubeginn muss man sich also auf einen bestimmten Maßstab festlegen und dann die Teile in den entsprechenden Größen bestellen.

Da die Fertigrümpfe von der Modellbauindustrie meist ohne Deck geliefert werden, wird das Deck aus einer 2-mm-ABS-Platte ausgeschnitten. Am einfachsten geht das, wenn der Rumpf kopfüber auf die Kunststoffplatte gelegt wird und die Rumpfumrisse angezeichnet werden. Mit einer Laubsäge lässt sich dann das Deck aussägen. Um die RC-Anlage einbauen zu können und um danach jederzeit an die RC-Komponenten herankommen zu können, muss ein Deckausschnitt vorgesehen werden, der mit einem Süllrand umgeben wird. Über diesen Süllrand wird später der Aufbau aufgesetzt.

Bevor mit dem Bau der Aufbauten begonnen wird, sind zunächst alle Bauteile in den Rumpf einzubauen, wie Stevenrohre mit Wellen, Motoren, Ruderanlage und RC-Anlage. Erst dann kann das Deck mit dem Rumpf verklebt werden.

Hat man sich überlegt, wie die Aufbauten aussehen sollen und Zeichnungen angefertigt, werden die einzelnen Bauteile wie Vorderwand, Rückwand und Seitenwände z. B. des Brückenaufbaus auf einer ABS-Platte aufgezeichnet und mit der Laubsäge ausgesägt, bearbeitet und entsprechend dem vorher erstellten Plan, zusammengeklebt. Auf diese Weise werden die Kommandobrücke und alle anderen Aufbauten hergestellt.

Die fertigen Bauteile werden auf den Rumpf gestellt, um zu sehen, wie das Gesamtbild aussieht. Ist man nicht zufrieden, hat man noch die Möglichkeit an den Aufbauten etwas zu verändern.

Erst wenn man ganz zufrieden ist, nimmt man die Aufbauten wieder ab, um sie fertigzustellen und anschließend zu lackieren.

Die vorgefertigten Aufbauten.

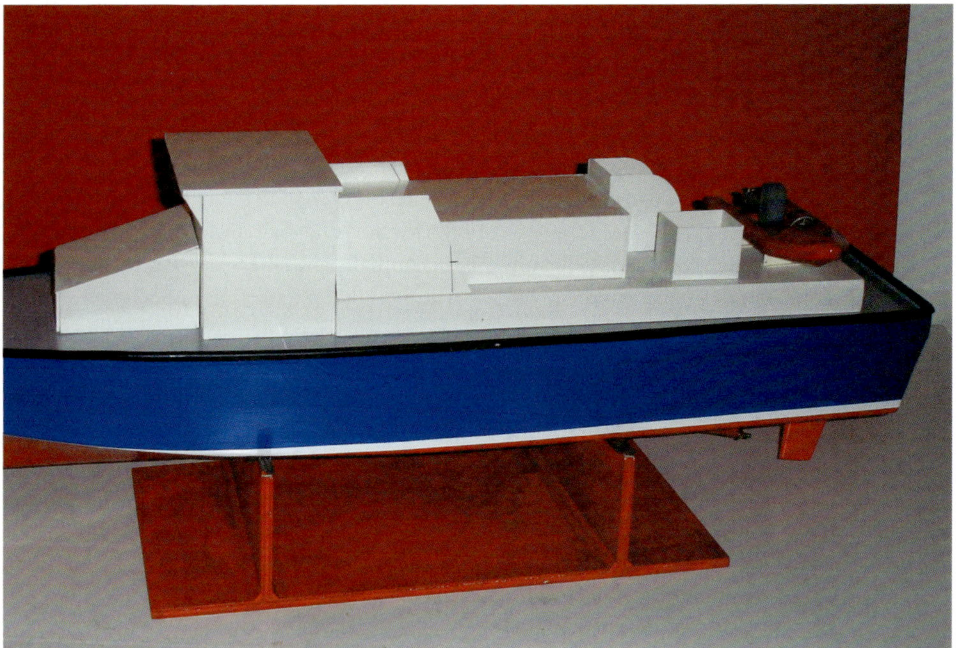
Stellprobe der Aufbauten auf dem Deck.

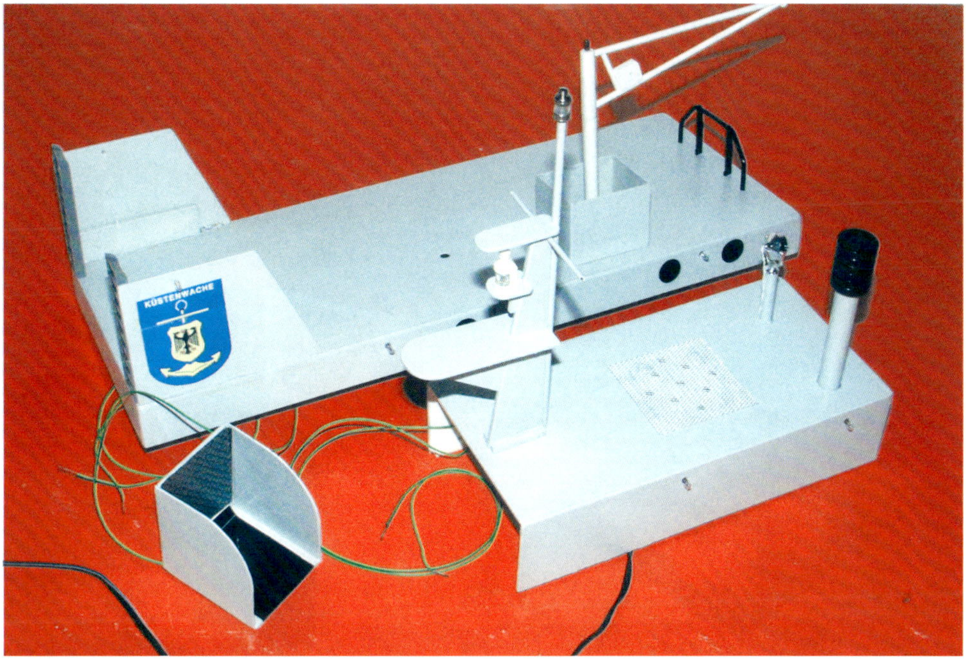

Die hinteren Aufbauten werden fertiggestellt.

Zusammenbau der hinteren Aufbauten.

Die fertiggestellte Kommandobrücke.

Nachdem die Kommandobrücke und die anderen Aufbauten mit den Dekors und Kleinteilen versehen sind, werden sie auf dem Deck aufgebaut. Darauf achten, dass sie jederzeit abgenommen werden können, um an die RC- und Maschinenanlage herankommen zu können.

Dann kommt der Augenblick der ersten Probefahrt. Klappt alles, kann man zufrieden sein und das Fahrbild genießen. Es ist ein erhebendes Gefühl, wenn ein selbst entworfenes RC-Modell im Wasser schwimmt und alle Fernsteuerkommandos einwandfrei ausgeführt werden.

Zu einem Polizei-, bzw. Küstenwachboot gehören eine Sirene und blinkende Blaulichter. Im vorigen Kapitel „Polizei- und Küstenwachboot *Sylt*" habe ich beschrieben, wie dies bei einer 4-Kanal-Anlage gemacht wird. Angenommen wir steuern unser selbst entworfenes Modellboot mit einer einfachen 2-Kanal-Anlage. Damit sind alle möglichen Steuerfunktionen ausgelastet. Ich beschreibe hier, wie es selbst bei einer 2-Kanal-Anlage möglich ist, auch noch eine Sirene und blinkende Blaulichter einzubauen. Das geht mit einem 2-Kanal-Memory-Schalter, von dem schon zuvor im Buch die Rede war. Ein 2-Kanal-Memory-Schalter wird wie ein Servo an einen Kanal des Empfängers angeschlossen. Da dieser Schalter aus einem Kanal zwei Kanäle macht, einen Kanal A und einen Kanal B, ist es also möglich, aus einem Fernsteuerkanal zwei zu machen. Gehen wir davon aus, dass wir das Sirenenmodul zusammen mit dem Blinklichtgeber schalten, also beides zusammen ein- und ausgeschaltet wird, ist folgendes zu ma-

Das fertige Polizeiboot.

Mit eingeschalteter Bordbeleuchtung.

Das selbst entworfene Polizeiboot in Fahrt.

Volle Fahrt voraus.

chen. Wir besorgen uns ein sogenanntes V-Kabel (Verteilerkabel), und stecken dieses V-Kabel mit dem Fahrtreglerkabel in die Empfängerbuchse von Kanal 3, dem Fahrkanal für Voraus- und Rückwärtsfahrt. Da Sirene und Blaulichter stets nur im Einsatz eingeschaltet werden und das Boot im Einsatz auf volle Fahrt geht, wird der 2-Kanal-Memory-Schalter so justiert, dass Sirene und Blinklichter nur eingeschaltet werden, wenn der Fahrhebel des Senders voll nach oben geschoben wird. Ist das geschehen, heult die Sirene los, die Blaulichter blinken und das Boot macht volle Fahrt. Geht man mit der Fahrt wieder zurück, bleiben zunächst Sirene und Blinklichter an. Sollen Sirene und Blinklichter ausgeschaltet werden, tippt man kurz auf volle Fahrt und Sirene und Blinklichter schalten sich wieder aus. Sie werden erst wieder eingeschaltet, wenn der Gasknüppel wieder auf volle Fahrt gestellt wird, usw. Wir haben demnach mit einem V-Kabel und einem 2-Kanal-Memory-Schalter erreicht, dass wir aus unserer 2-Kanal-Anlage eine Dreikanalanlage gemacht haben. Da ja ein 2-Kanal-Memoryschalter einen Kanal A und einen Kanal B hat, wird in diesem Fall der Kanal B nicht benötigt. 2-Kanal-Memory-Schalter gibt es als fertige Bauteile mit Empfängerkabel oder als Bausätze zum Selbstaufbauen.

Selbstverständlich lassen sich nach dieser einfachen Methode auch andere Komponenten ein- und ausschalten. Bei einem anderen Küstenwachboot, das mit einer Löschkanone ausgerüstet ist und ebenfalls mit einer 2-Kanal-Anlage gefahren wird, habe ich auf die beschriebene Weise den Motor des Monitors ein- und wieder ausgeschaltet, nur mit dem Unterschied, dass ich für den Einschaltvorgang nicht den Fahrkanal sondern die Lenkung benutzt habe. Der 2-Kanal-Memory-Schalter wurde so justiert, dass der Monitor eingeschaltet wird, wenn ich kurz den Steuerhebel „auf ganz nach rechts" gestellt habe. Die Löschkanone ist solange in Betrieb, bis ich erneut den Lenkhebel kurz ganz nach rechts schiebe.

Abmessungen des selbst entworfenen Küstenwachbootes:
Länge: 880 mm
Breite: 220 mm
Höhe: 400 mm
Verdrängung: 4.000 g

Wer alle Abschnitte des Buches bis hier genau durchgelesen hat, wird festgestellt haben, dass mehrfach von einem 2-Kanal-Memory-Schalter die Rede war. Ich möchte hier etwas genauer darauf eingehen, da ein solcher elektronischer Schalter sehr vielseitig eingesetzt werden kann. Ein 2-Kanal-Memory-Schalter verwandelt einen Fernsteuerkanal in zwei Kanäle, einen Kanal A und einen Kanal B. Der Memory-Effekt besagt, dass z. B. Kanal A des Memory-Schalters einen Verbraucher beim ersten Kommando einschaltet und eingeschaltet lässt, bis bei einem erneuten Kommando der Verbraucher wieder abgeschaltet wird. Bei einem Einkanal-Schalter würde das Relais sofort wieder abfallen, wenn das Sendekommando entfallen würde. Der Verbraucher schaltet jeweils nur ein, wenn die Taste des Senders gedrückt wird und fällt sofort wieder ab, wenn kein Signal mehr ankommt. Der Memory-Effekt wird also überall dort benötigt, wo ein Verbraucher für längere Zeit eingeschaltet bleiben soll. Das ist z. B. dann der Fall, wenn entweder eine Sirene, die Blaulichter oder die Bordbeleuchtung eingeschaltet werden soll.

2-Kanal-Memory-Schalter können sogar Mehrkanal-Anlagen ersetzen. Um ein Schiffsmodell fernzulenken, benötigt man eine einfache 2-Kanal-Anlage. Damit kann das Modell nach links und rechts gelenkt werden und vorwärts und rückwärts fahren. Außerdem lässt sich die Geschwindigkeit durch einen elektronischen Fahrtregler regulieren.

Soll das Schiffsmodell jedoch noch andere Funktionen ausführen, sind dafür weitere Kanäle erforderlich und zwar für jede neue Funktion ein weiterer Kanal. Dafür gibt es Mehrkanal-Anlagen, die jedoch wesentlich teuerer

Ein weiteres selbst entworfenes Küstenwachboot.

Das Boot hat einen funktionierenden Monitor.

Das Küstenwachboot in voller Fahrt.

Bei diesem Einsatz schäumt die See.

sind als die einfachen 2-Kanal-Anlagen. Zwischen den einfachen 2-Kanal-Anlagen und den Mehrkanal-Anlagen liegen die preisgünstigen 4-Kanal-Anlagen. Durch den Einbau von zwei 2-Kanal-Memory-Schaltern, lässt sich eine solche 4-Kanal-Anlage leicht zu einer 12-Funktions-Anlage ausbauen, wenn an den beiden noch freien Kanälen je ein 2-Kanal-Memory-Schalter angeschlossen wird. Nehmen wir ein Polizeiboot oder ein Küstenwachschiff. Der erste und der dritte Kanal dient wie üblich zum Manövrieren links/rechts (Kanal 1) und Fahrt voraus/zurück (Kanal 3).

An den beiden Kanälen 2 und 4 werden je ein 2-Kanal-Memory-Schalter anstelle eines Servos an den Empfänger angeschlossen. Nun lassen sich an Kanal 2 beispielsweise eine Sirene und ein Blaulichtblinkgeber und an Kanal 4 ein Nebelhorn und die Bordbeleuchtung anschließen.

Während die Fahr- und Lenkfunktionen auf die Kanäle 1 und 3 festgelegt bleiben, werden mit den Kanälen 2 und 4 je ein 2-Kanal-Memory-Schalter aktiviert. Damit lassen sich z. B. mit Kanal 2 die Blaulichter einschalten, wenn der Senderhebel nach oben und die Sirene, wenn der Senderhebel nach unten gelegt wird. Beim erneuten Betätigen des Senderhebels nach oben oder unten werden die Einschaltfunktionen wieder aufgehoben. Ebenso verhält es sich bei Kanal 4, mit dem das Nebelhorn und die Bordbeleuchtung ein- und wieder ausgeschaltet werden können.

Von großem Vorteil ist es, dass der 2-Kanal-Memory-Schalter keinerlei Abgleich- oder Einstellarbeiten erfordert, da der Mikrocontroller beim Einschalten des Senders automatisch die Neutralstellung des Steuerknüppels „lernt".

Nach dem Anlegen der Versorgungsspannung ermittelt das Programm die Neutralstellung des angeschlossenen Kanals, was am Aufleuchten der roten Kontroll-LED zu erkennen ist. Während dieser Zeit darf der betreffende Senderhebel nicht betätigt werden, da die Dauer der 60 aufeinanderfolgenden Impulse gemessen und der Mittelwert gebildet wird. Dieser Vorgang geschieht vollautomatisch und wiederholt sich nach jedem Aus- und Wiedereinschalten.

Nach dem Selbstabgleich erlischt die rote LED wieder und die Schaltung ist betriebsbereit. Jede Auslenkung des Steuerknüppels in positive Richtung zu längeren Impulsen hin, führt zum Aktivieren des Kanals A, während bei kurzen Impulszeiten der Kanal B anspricht. Die Aktivierung ist am jeweiligen Aufleuchten einer der beiden grünen LEDs zu erkennen. Die Schaltung kann demnach jederzeit auch ohne Anschluss der Verbraucher getestet werden.

Während der 2-Kanal-Memory-Schalter direkt aus der Empfängerstromquelle gespeist wird, ist für die Verbraucher eine eigene Stromversorgung vorzusehen. Die Schaltspannung kann zwischen 5 bis 24 V liegen, der Schaltstrom darf 1,5 A nicht überschreiten.

Am Beispiel eines Sportbootmodells, das ich zu einem Polizeiboot umgebaut habe, zeige ich, wie man mehrere Verbraucher einbauen kann. In dieses Modell wurden ein Dieselmotor-Geräuschgenerator, eine elektronische Sirene, ein Nebelhorn ein Blaulichtblinker und einige weitere elektronische Kontrollschaltungen zur Überwachung der Fahrakku-Spannung eingebaut.

Betrachten wir den Aufbau im Inneren des Bootes, so sehen wir den Empfänger rechts oben, links daneben den Dieselmotor-Geräuschgenerator und etwas weiter links den Akku-Controller, der die Empfängerstromversorgung prüft. Auch der Fahrakku wird durch eine Kontrollschaltung überprüft. Die elektronische Schaltung ist etwas unterhalb des Empfängers zu sehen. Alle anderen Schaltungen werden so auf der Grundplatte verteilt, dass sich kürzeste Leitungsführungen ergeben.

Beim Betrachten des Verdrahtungsplanes erkennt man, dass es sich um zwei Stromkreise handelt, den Empfängerstromkreis, gespeist von der Empfängerbatterie EA und den Fahrstrom-

▲ Polizeistreifenboot.

► Der Innenraum ist mit elektronischen Schaltungen ausgefüllt.

kreis, gespeist von den beiden in Reihe geschalteten Fahrakkus A1 und A2. Wird der Schalter EI eingeschaltet, so erhält der Empfänger Spannung und die Anlage kann auf ihre Funktionstüchtigkeit hin überprüft werden, ohne dass die anderen elektronischen Schaltungen ansprechen, da diese vom Fahrstromkreis gespeist werden. Erst wenn der Hauptschalter DI eingeschaltet wird, liegt Spannung am Fahrtregler und am Dieselmotor-Geräuschgenerator an. Letzterer spricht sofort an und macht das Leerlaufgeräusch im Lautsprecher LD hörbar.

Wird der Fahrtregler FA über Kanal 1 angesteuert, läuft der Motor an und und das durch den Geräuschgenerator erzeugte Tuckern des Dieselmotors wird schneller, da die Fahrspannung auch am Geräuschgererator anliegt. Das Ruderservo EV lässt sich über Kanal 2 verstellen. Mit einem weiteren Kanal wird der 2-Kanal-Schalter TU eingeschaltet, mit dem ent-

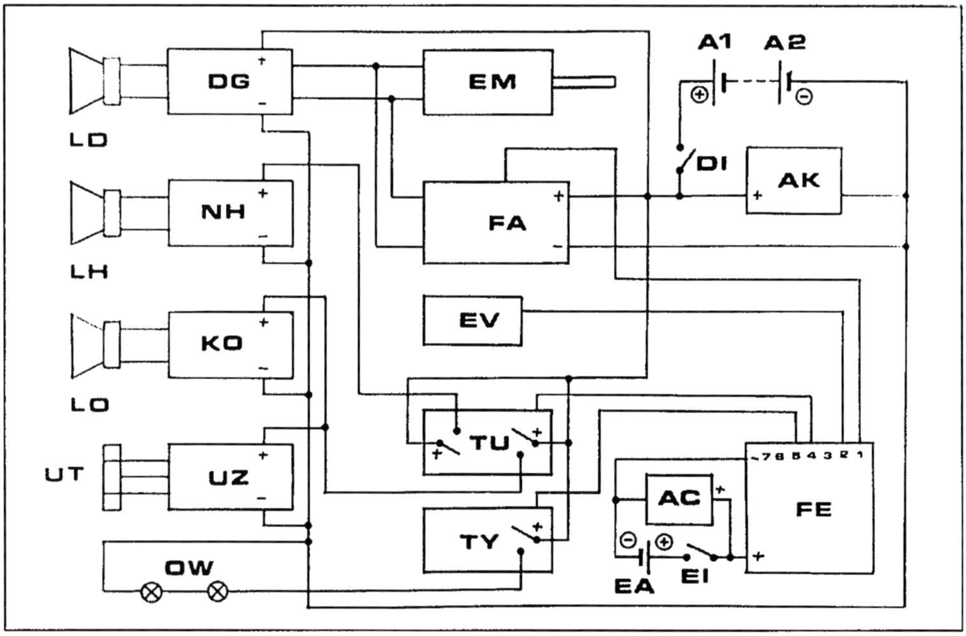

Verdrahtungsplan (Funktionsschaltbild).

weder das Nebelhorn NH oder die Polizeisirene KO zusammen mit der Blitzelektronik in Funktion treten können. Der Sirenenton wird vom Lautsprecher LO ausgestrahlt. Mit einem vierten Kanal lässt sich der Einkanalschalter TY betätigen, mit dem die Bordbeleuchtung OW (Scheinwerfer und Positionslampen) ein- und wieder ausgeschaltet werden können.

Zeichenerklärung zum Verdrahtungsplan:

DG = Dieselmotor-Geräuschgenerator
LD = Lautsprecher für Dieselmotor-Geräuschgenerator
NH = Nebelhorn
LH = Lautsprecher für Nebelhorn
KO = Polizeisirene
LO = Lautsprecher für Polizeisirene
UZ = Blaulichtblinklichtgeber
UT = Blitzlampe
OW = Scheinwerfer und Positionslampen
EM = Elektromotor
FA = Fahrtregler
EV = Ruderservo
TU = Zweikanalschalter
TY = Einkanalschalter
A1 = 6-Volt-Fahrakku 1
A2 = 6-Volt-Fahrakku 2
DI = Hauptschalter für die gesamte Anlage
AK = Batterieüberwachungsschaltung
AC = Akku-Controller
EA = Empfängerstromversorgung
EI = Empfängereinschalter
FE = Empfänger

Ein Lotsenboot

Auch Lotsenboote unterstehen der Wasser- und Schifffahrtverwaltung. Sie liegen wie Polizeiboote in jedem Seehafen bereit, um jederzeit mit einem Lotsen an Bord auslaufen zu können. Lotsenboote sind kleine Schiffe, die wie der Name schon sagt, Hafen- oder Seelotsen zu den großen Container-Schiffen und Öltankern bringen. Sie stellen sicher, dass diese Schiffe ohne Probleme die Hafenanlagen erreichen. Lotsenboote sind daher in jedem Hafen der Welt stationiert und können sofort nach Anforderung auslaufen. Der Lotse weist den Kapitän des Schiffes ein und gibt Ratschläge zum Navigieren. Die Kommandogewalt bleibt jedoch stets beim Kapitän.

Das hier gezeigte Modell der Firma robbe (Bestellnummer: 38 49 98) kann aus einem

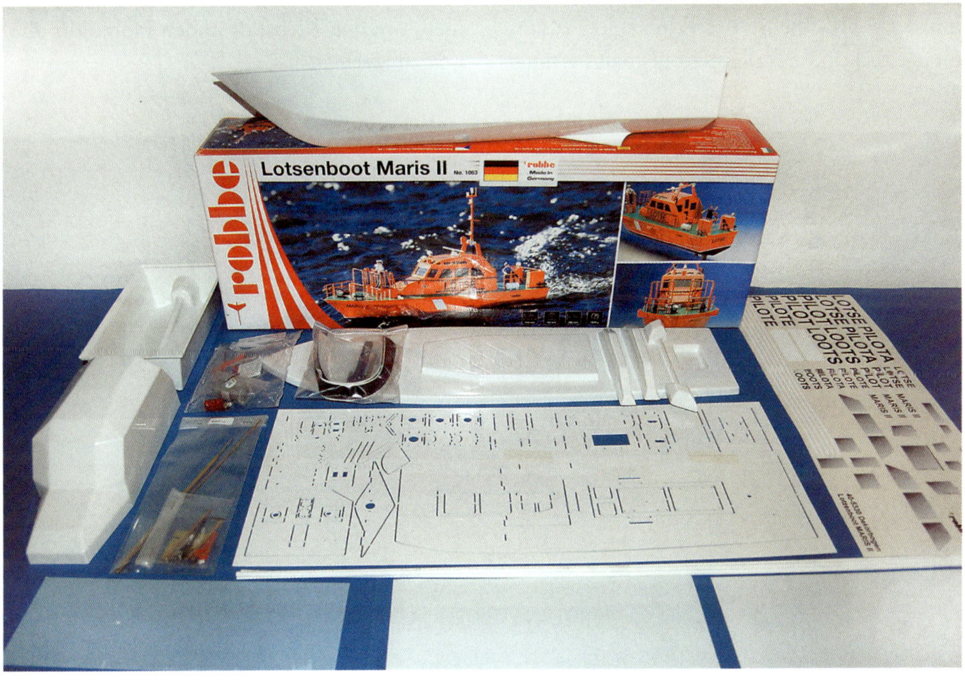

Der Baukasten.

Baukasten im Maßstab 1:25 aufgebaut werden. Es passt also maßstäblich zum Küstenwachboot *Sylt*.

Der Bausatz enthält den Rumpf, das Deck, und die Aufbauten aus tiefgezogenem ABS-Kunststoff, CNC-gefräste Kunststoffteile für den Antrieb und den RC-Einbau, Riffelblech-Profilplatten, einen Elektromotor der Größe 400, die Schiffswelle mit Stevenrohr und einen dreiflügeligen Schiffspropeller mit einem Durchmesser von 30 mm, eine Zentrierkupplung sowie einen Dekorbogen und einen fertigen Bootsständer aus ABS. Erforderlich ist noch ein Beschlagsatz von robbe mit der Bestellnummer 1064. Gefahren wird das Lotsenboot mit einer 2-Kanal-Anlage.

Man beginnt mit dem Bohren der Löcher für die Aufnahme des Ruderkokers im Rumpf und des Stevenrohres im Kiel. Beide Bohrungen haben einen Durchmesser von 4 mm.

Der Motor ist zu entstören und das Kabel mit dem AMP-Stecker ist an den beiden Polen anzulöten. Dieser Stecker wird später mit der AMP-Buchse des Fahrtreglers zusammengesteckt. Das Ruderblatt liegt als Fertigteil aus Messing bei. Es ist mit dem Ruderschaft, Teil 2.6, zu verlöten. Auf die Lage der Nabe für den Ruderhebel ist zu achten!

Das Stevenrohr mit der Antriebswelle und die Kupplung sind nach der Bauanleitung fertigzustellen. Der Motor wird am Motorspant, Teil 1.11, festgeschraubt. Anschließend werden der Motorspant und der Stützspant, Teil 1.20, in die Bodenplatte, Teil 1.19, eingesteckt. Dieses Einstecken ist nicht ganz einfach, da die Schlitze erst etwas ausgefeilt werden müssen. Diese ganze Einheit ist in den Rumpf einzusetzen. Von hinten wird das Stevenrohr durch die Bohrung im Kiel nach innen geschoben und mit der Kupplung verbunden. Motorspant und Stevenrohr sind so auszurichten, dass Motorwelle und Antriebswelle miteinander fluchten. In dieser Lage werden der Motorspant, der Stützspant und die Bodenplatte in den Rumpf eingeklebt. Das Stevenrohr ist mit dem Kiel zu verkleben. Dazu ist Stabilit Express gut geeignet. Damit sich kein Hohlraum bildet, rate ich dazu, die Klebestelle mit einem Föhn zu erwärmen, um den Klebstoff in den Hohlraum fließen zu lassen.

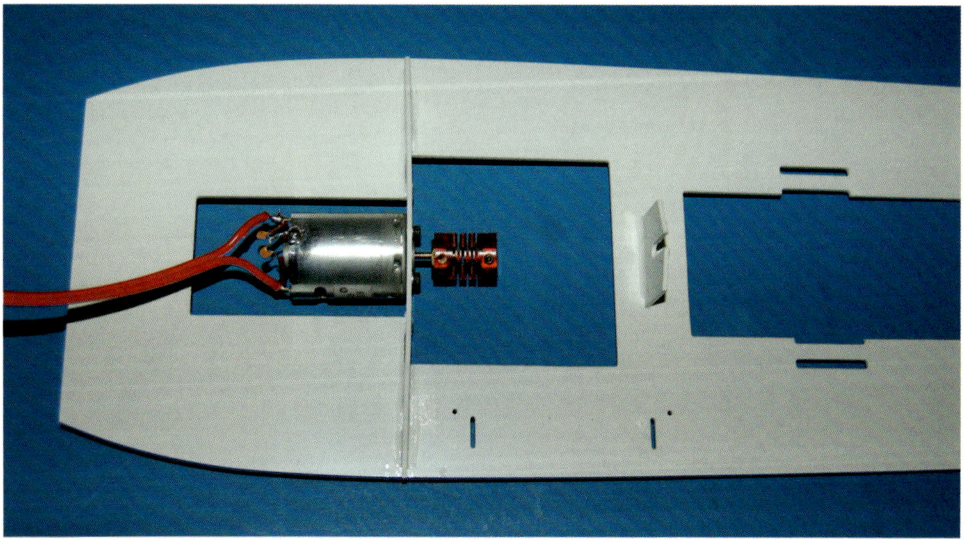

Einbau des Motors auf der Motorplatte.

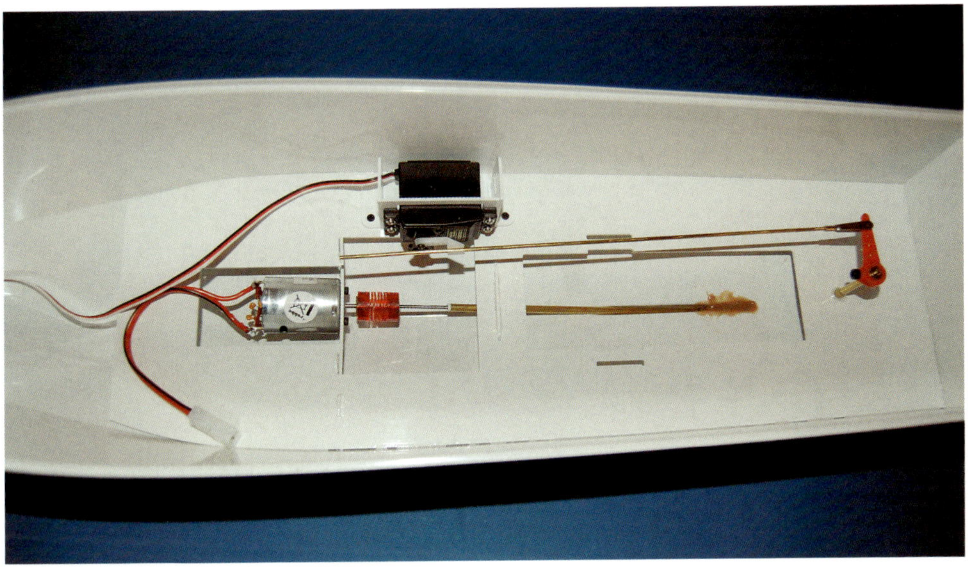

Einbau des Stevenrohres und der Ruderanlage.

Die Teile 2.1 bis 2.4 für die Halterung des Ruderservos sind zusammenzukleben und in die Bodenplatte einzuschrauben. Das Servo wird eingesetzt und festgeschraubt. Der Ruderschaft, Teil 2.6, ist mit dem Ruderblatt, Teil 2.5, zu verlöten. Dabei ist die Position der Nut N zu beachten. Ruderkoker, Teil 2.9, von unten durch den Rumpf und die Bodenplatte bis zum Anschlag einschieben und mit dem Rumpf verkleben. Nach dem Austrocknen der Klebestelle den Ruderschaft ebenfalls von unten in den Ruderkoker einschieben. Vorher eine Unterlegscheibe, Teil 2.7, und danach den O-Ring, Teil 2.8, auf den Ruderschaft aufziehen. Das Ruder soweit nach oben schieben, bis der O-Ring fest auf der Öffnung des Ruderkokers aufliegt. Oben im Boot den Ruderhebel, Teil 2.10, mit der Stellschraube, Teil 2.12 und dem Stellring, Teil 2.11, in der Nut festschrauben. Das Rudergestänge ist nach Zeichnung in der Bauanleitung anzufertigen.

Empfänger und Fahrtregler werden auf der Bodenplatte mittels Klettband befestigt . Damit ist die RC-Anlage mit dem Motor und der Ruderanlage fertig eingebaut und die Arbeiten am Deck können beginnen. Das Deck wird rundum beschnitten und alle Schnittkanten sind mit Schleifpapier zu glätten. Die Decköffnung und die Luke werden ausgesägt. Der Süllrand bleibt stehen. Lukenrahmen, Teil 3.2, unter dem Deck ankleben und Ruderluke, Teil 3.3, passend machen und auf den Lukenrahmen legen. Siehe dazu die Zeichnung in der Bauanleitung. Riffelbleche, Teile 4.1 bis 4.4 nach Plan zuschneiden und alle Löcher nach Angaben bohren. Danach die Riffelbleche auf das Deck kleben. Die Löcher im Riffelblech durch das Deck bohren. Rumpfrand rundum planschleifen. Das fertige Deck auf den Rumpf kleben.

Die Scheuerleisten aus ABS-Halbrundprofilen nach Zeichnung in der Bauanleitung anfertigen und auf die Bordwände kleben. Puffer links und rechts, Teile 4.15 und 4.16, anfertigen und ebenfalls auf die Bordwände kleben. In diesem Zustand ist es angebracht, den Rumpf zu lackieren. Unter Wasser in Rot, über Wasser in Orange und das Deck mit dem Riffelblech in Grün.

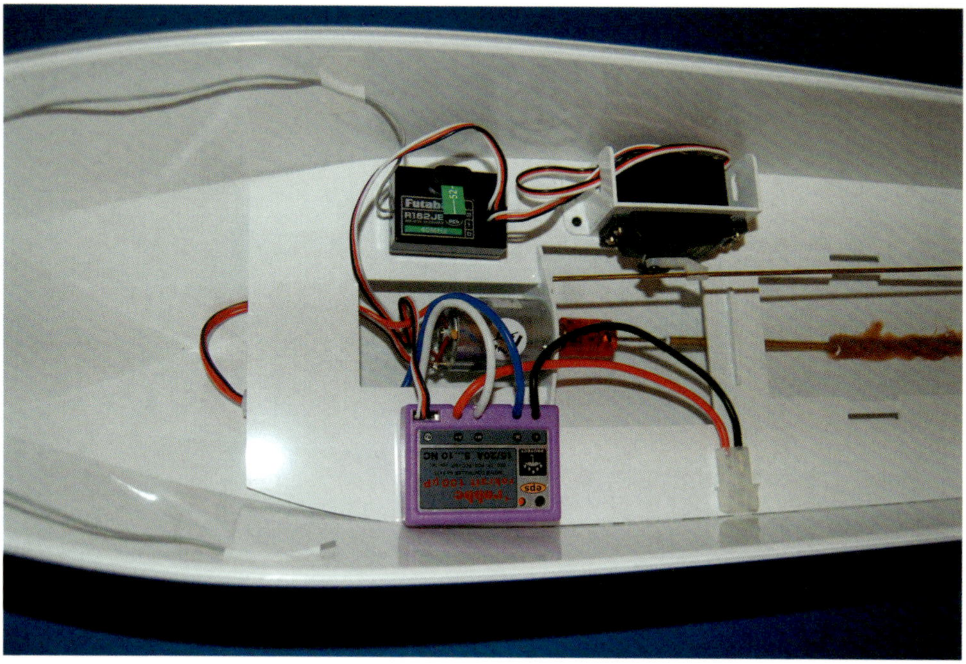

Einbau der RC-Anlage.

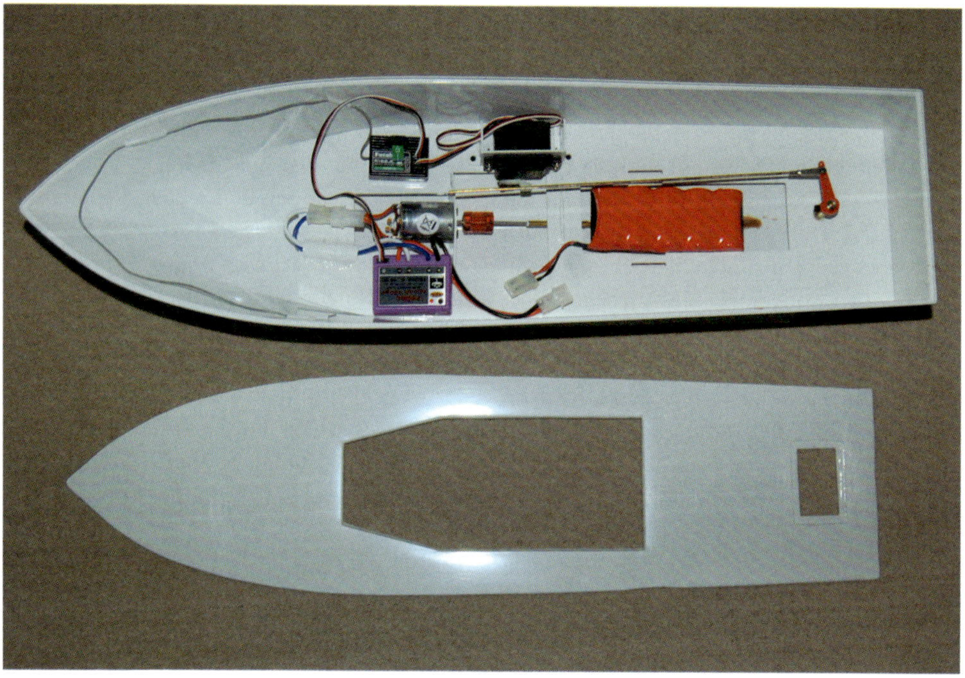

Das Deck wird angepasst.

Alle Löcher im Kabinenaufbau, Teil 6.1, nach den Durchmesserangaben in der Bauanleitung bohren. Die Fenster können ausgeschnitten und mit Klarsichtscheiben hinterlegt werden, oder sie werden als Dekor aufgeklebt.

Die hintere Wand des Aufbaus ausschneiden und die Rückwand, Teil 6.2, einkleben. Die Teile 6.3 bis 6.6 an die Rückwand kleben. Die Teile 6.4 und 6.6 sind Fertigteile aus Resin, die im Beschlagset liegen. Anschließend die Teile 6.7 und 6.8 deckungsgleich aufeinander kleben und an den Seiten des Aufbaus nach Plan befestigen.

Den Auspuff aus den Teilen 6.10, 6.11 und 6.12 zusammenkleben und auf dem Geräteschrank, Teil 6.4, befestigen. Handläufe, Teile 9.1 und 2 × 9.5 aus 2 mm starkem Messingrohr nach den Zeichnungen im Maßstab 1:1 der Bauanleitung anfertigen und am Aufbau anbringen. Das Anbringen erfolgt mit den Splinten, Teile 9.2 und den Hülsen, Teile 9.4. Sollte der Aufbau noch nicht lackiert sein, so muss dies jetzt geschehen. Nach dem Austrocknen sind die Fensterdekors anzukleben.

Den Mast und die Mastbrücke nach den Angaben in der Bauanleitung anfertigen. Er wird aus verschieden starken Rohrstücken zusammengesteckt. Anschließend kann der Mast gleich lackiert werden, bevor die Lampenhalter mit den Glühlämpchen angebracht sind. Alle Teile für die Mastbrücke aus der ABS-Platte austrennen und entsprechend der Bauanleitung zusammenkleben. Winkelschablone W für die Schräglage der Stützen, Teile 7.4 und 7.5, anpassen. Teile 7.16 bis 7.21 am Mast befestigen und anschließend den Mast mit der Schraube, Teil 7.15, an der Mastbrücke festschrauben. Den Lampenkörper, Teile 7.23 bis 7.27, gemäß der Detailzeichnung in der Bauanleitung am Mast anbringen. Scheinwerfer, Radargerät und Masthalter mit dem Mast werden am Brückenaufbau angebracht.

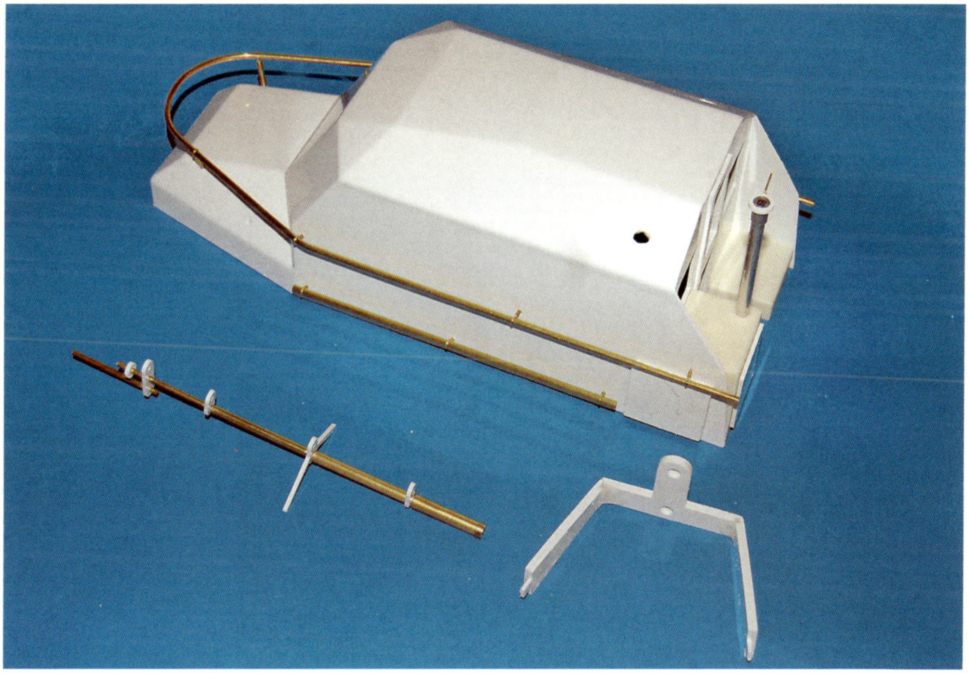

Der Brückenaufbau entsteht nach Bauplan.

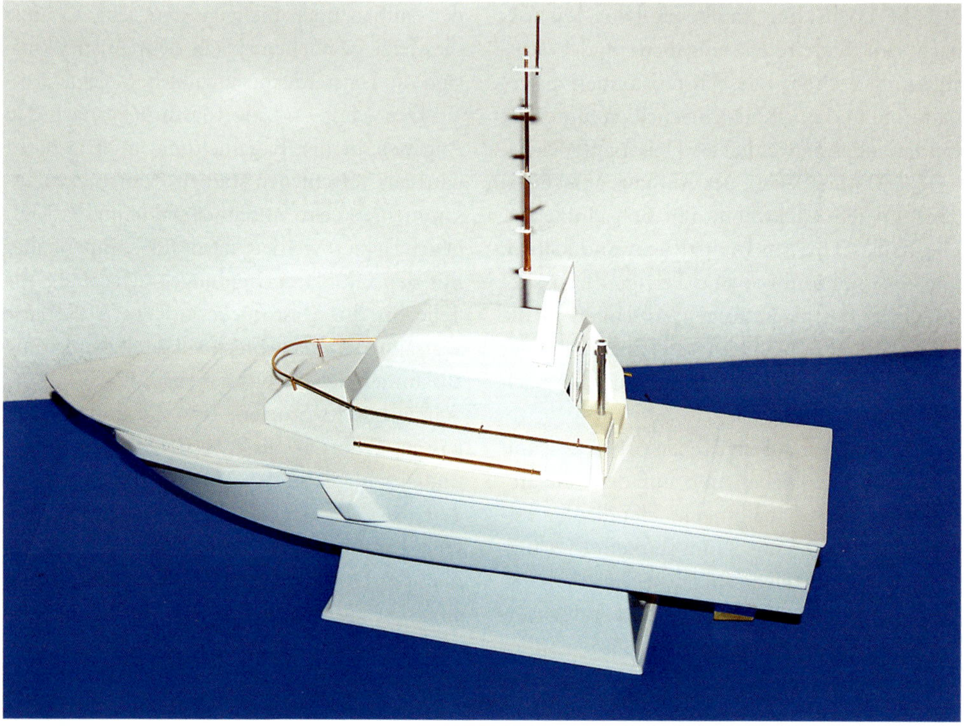

▲ Das Lotsenboot im Rohbau.

◄ Der fertige Brückenaufbau.

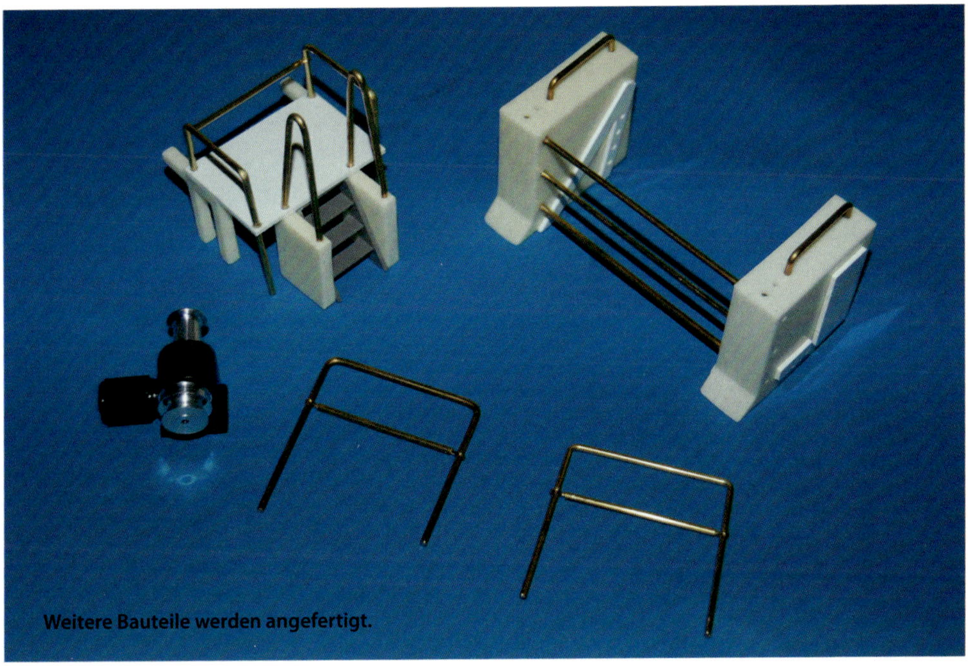

Weitere Bauteile werden angefertigt.

Das fertige Lotsenboot.

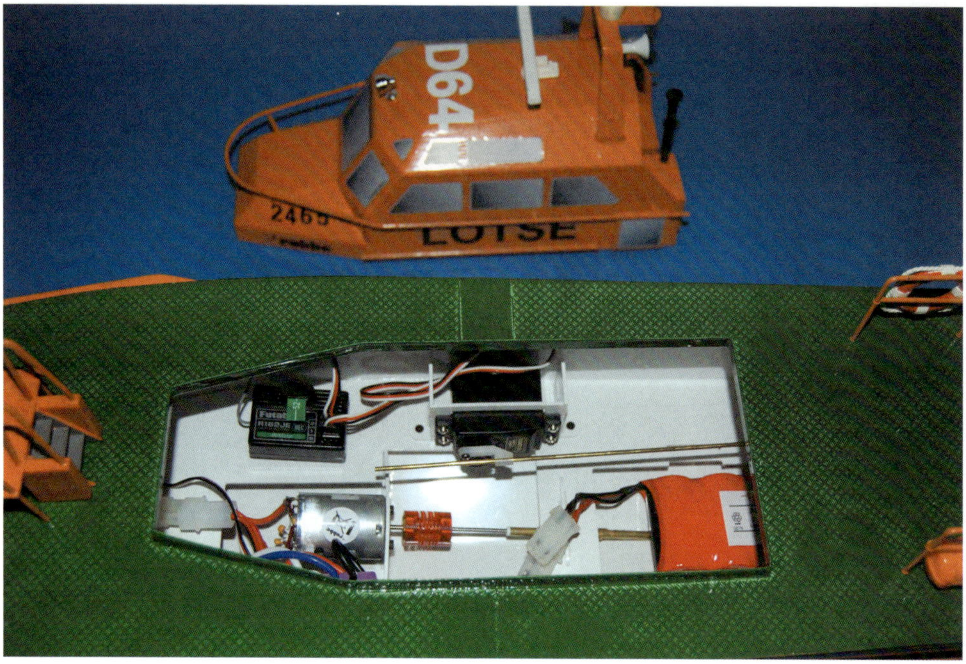

Zugang zu der RC-Anlage erhält man bei Abnahme der Aufbauten.

Das Lotsenboot im Einsatz.

Das Lotsenboot in voller Fahrt.

Alle anderen Kleinteile wie Ankerwinde, Lotsenbrücke, Getriebekästen am Heck usw. werden nach der Bauanleitung angefertigt und lackiert. Sind alle diese Teile fertig und der Rumpf lackiert, sind diese Aufbautenteile nach Plan auf dem Deck an den angegebenen Stellen zu befestigen und anzukleben. Damit ist unser Lotsenboot fertiggestellt und es kann der Badewannentest durchgeführt werden.

Ist der Badewannentest zur besten Zufriedenheit verlaufen, steht der Jungfernfahrt nichts mehr im Wege, so auch bei unserem Lotsenboot: Es wehte ein steifer Nordwest-Wind und die Wellen des Modellbootteiches waren demnach für einen Test eines kleinen Modellbootes kaum geeignet. Ich staunte nicht schlecht, wie gut sich das Lotsenboot gegen die kabbelige See durchsetzte. Der Bug teilte die Wellen und das Boot machte eine flotte Fahrt. Selbst das Manövrieren gegen den Wind machte keine Schwierigkeiten.

Abmessungen des Lotsenbootes:
Länge: 610 mm
Breite: 185 mm
Höhe: 360 mm

Stromaufsichtsboot *Bussard*

Ähnlich wie Küstenwachboote an den Küsten von Nord- und Ostsee den Schiffsverkehr überwachen sorgen sogenannte Stromaufsichtsboote auf unseren Wasserstraßen für Ordnung und überwachen dort den Schiffsverkehr. Ein Modell eines solchen Stromaufsichtsbootes hat die Firma robbe als Fastfertigmodell im Maßstab 1:20 im Angebot. Das Modell namens *Bussard* (Bestellnummer: 1193) ist werkseitig soweit vorgefertigt, dass nur noch die Endarbeiten, wie der Einbau der Fernsteueranlage und das Anbringen der Dekor- und Beschlagteile durchgeführt werden müssen.

Das Original ist auf den Wasserstraßen des Ruhrgebietes im Einsatz. Die *Bussard* wird vom Wasserwirtschaftsamt zur Gewässerkontrolle im Rahmen des Umweltschutzes, zur Vermessung von Strömungsgeschwindigkeiten, zur Über-

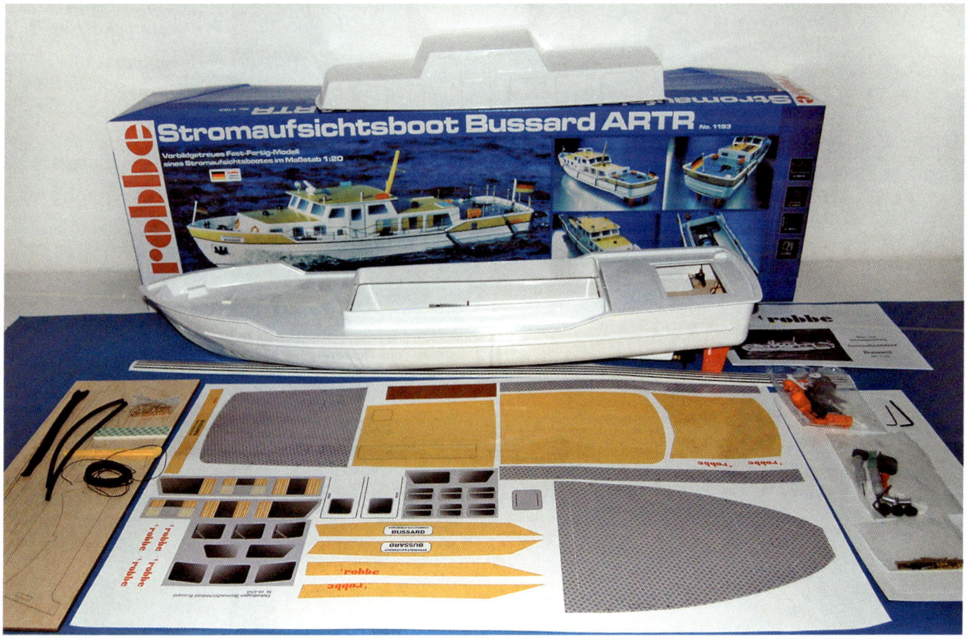

Der Baukasten.

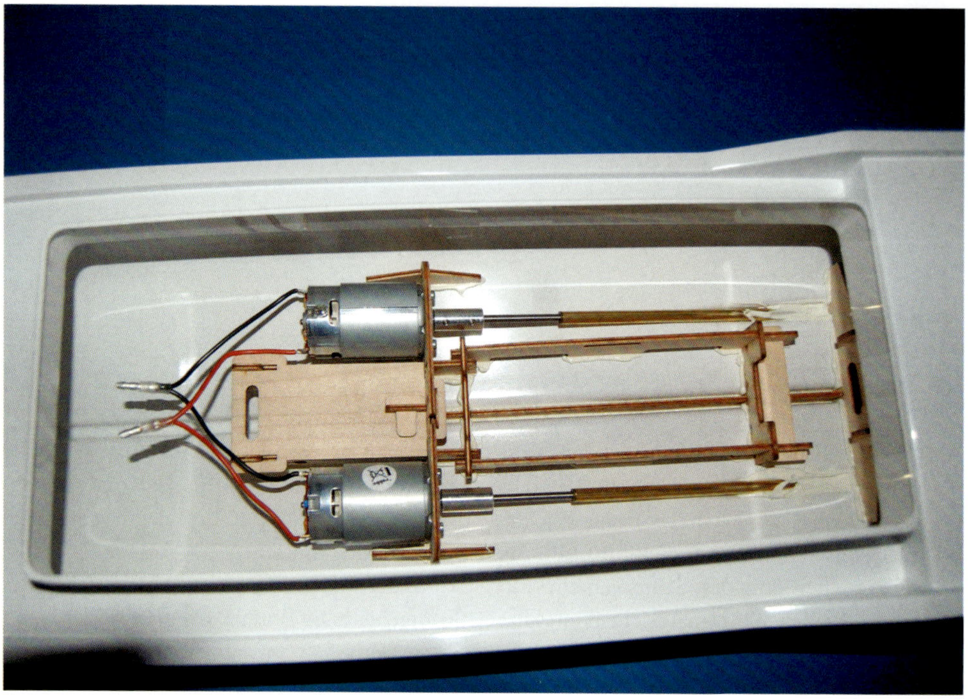

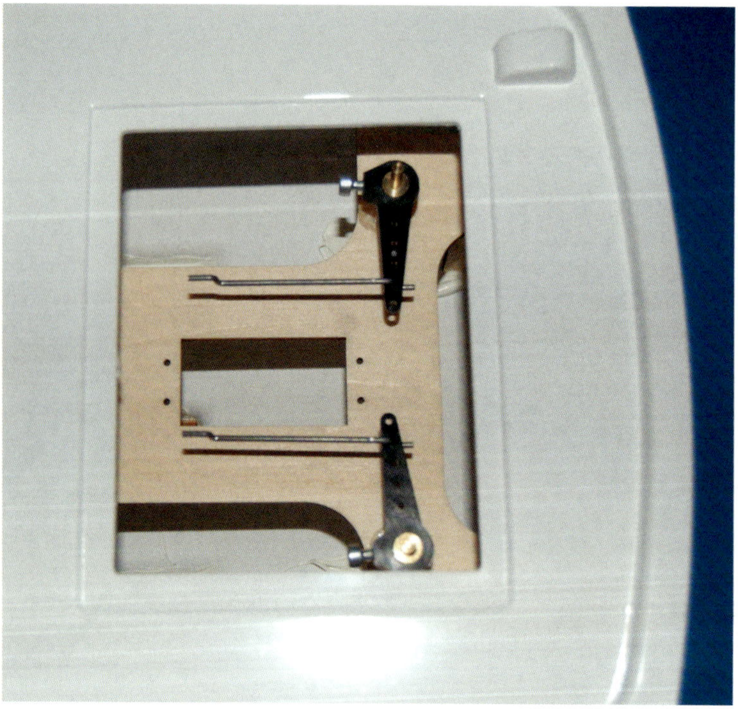

▲ Die beiden Motoren sind bereits eingebaut.

◀ Die hintere Decksöffnung für die Ruderanlage.

prü-fung und Instandhaltung von Fahrwassermarkierungen und zu einer Vielzahl weiterer Aufgaben eingesetzt.

Der Bausatz enthält den mit dem Deck bereits verklebten konturgefrästen Bootskörper aus ABS, die fertig bearbeitete tiefgezogene Kabine aus ABS, fertig verbaute, CNC-gelaserte Einbauteile für den Innen- und RC-Ausbau, gestanzte Abdeckungen für Dach und Wartungszugänge aus ABS, zwei fahrfertig montierte, lüftergekühlte Elektromotoren Power 600/21 für den Direktantrieb ohne Getriebe, zwei fahrfertig montierte Antriebswellen mit Stevenrohren und Direktkupplungen, zwei Schiffspropeller mit einem Durchmesser von 35 mm (rechts- und linkslaufend), zwei montierte Ruderführungen für die Doppelruderanlage sowie Sperrholzstanzteile für einen Bootsständer und eine Montageanleitung.

Außerdem liegt ein Beschlagsatz mit Relingteilen, Mast, Beleuchtungskörpern, Rettungsringen, Rettungsinseln, Radargerät, Poller, Anker, Ankerwinde und weiteren Kleinteilen sowie ein gestanzter Dekorbogen mit großflächigen Dekorteilen für Dach- Rumpf-, Deck und Fensterbeklebung bei.

Anzuschaffen ist noch eine 2-Kanal-Fernsteueranlage, ein fünfzelliger Fahrakku und ein Fahrtregler Rookie 35 von robbe (Best.-Nr. 8402).

Die Sperrholzteile des Bootsständers werden aus der Sperrholzplatte herausgedrückt, begradigt, zusammengesteckt und miteinander verklebt. Laut Montageanleitung sind jetzt die Löcher in die Kabine zu bohren. Dafür liegen zwei Spiralhandbohrer im Baukasten, einer mit einem Durchmesser von 1,5 mm, der zweite mit einem Durchmesser von 2 mm. Aus der ABS-Kunststoffplatte werden die vorgestanzten Teile herausgedrückt und die Seiten mit feinem Schleifpapier begradigt. Das Kabinendach wird auf die Kabine gelegt, sodass hinten 20 mm

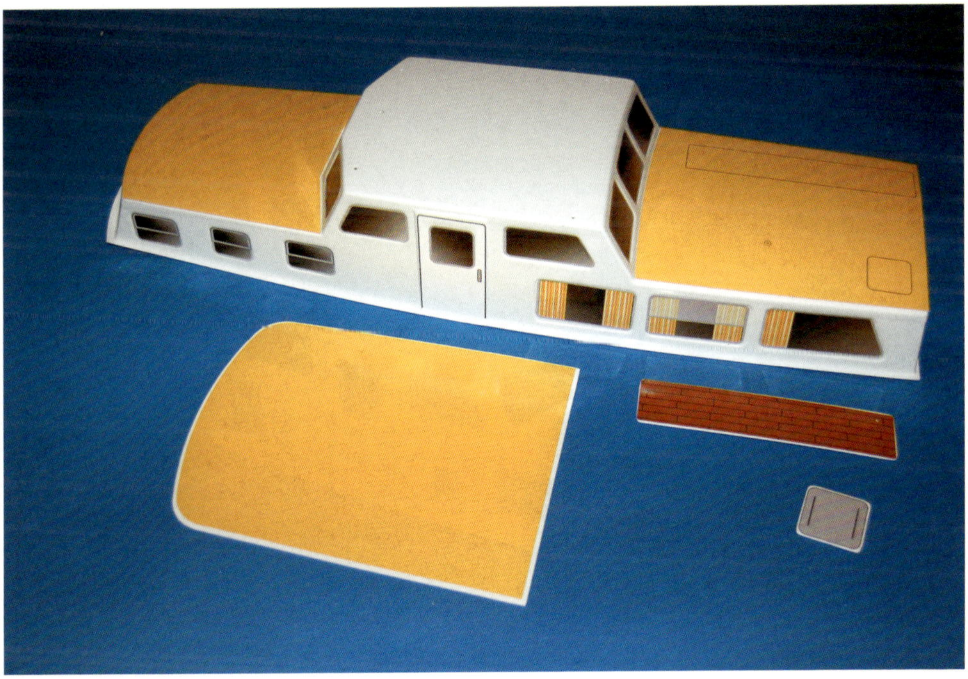

Die Dekors werden auf die Brücke aufgeklebt.

überstehen. Dabei ist darauf zu achten, dass seitlich gleiche Abstände eingehalten werden. Das Kabinendach auf der Kabine in diesem Zustand mit Klebestreifen fixieren und die Löcher von der Kabine auf das Kabinendach übertragen. Anschließend das Kabinendach wieder abnehmen. Eine Lackierung der Kabine ist nicht notwendig. Die farbliche Gestaltung wird mittels Dekor vorgenommen. Das Aufbringen der Dekors wird mit Hilfe von Wasser durchgeführt. Dabei handelt es sich nicht um die leicht zerstörbaren Abziehbilder sondern um gestanzte selbstklebende Dekors. Das Aufbringen geschieht folgendermaßen:

In eine Schüssel mit lauwarmen Wasser werden einige Spritzer Spülmittel hinzugegeben. Die Dekorbilder abtrennen und abziehen. In der Schüssel anfeuchten, auf dem Kabinendach und der Kabine selbst ausrichten und mit einem Tuch andrücken. Wenn das Wasser unter dem Dekorbild angetrocknet ist, nochmals das Dekorbild mit einem trockenen Tuch andrücken. Solange die Dekorbilder feucht sind, lassen sie sich auf dem ABS-Untergrund verschieben.

Die so beklebte Kabine und das Dach der Kabine werden zum Trocknen beiseite gestellt. Mit dem Aufbringen der Dekorbilder auf dem Bootskörper sollte man noch warten. Da jeder Schiffsrumpf einen Unterwasseranstrich hat, bei diesem Modell jedoch nicht vorgesehen, rate ich dazu, ihn jetzt vor den weiteren Arbeiten rot zu lackieren. Selbstverständlich ist das jedem Modellbauer freigestellt. Doch sieht es wesentlich besser aus, wenn der schwarze Wasserlinienstreifen, der als Dekor mitgeliefert wird, die Begrenzung zwischen dem roten Unterwasserschiff und dem weißen Überwasserschiff anzeigt.

Während die Farbe trocknet, wird die Kabine fertiggestellt. Das Kabinendach wird aufgelegt und Radargerät, Scheinwerfer, Nebelhorn

Der fertige Brückenaufbau.

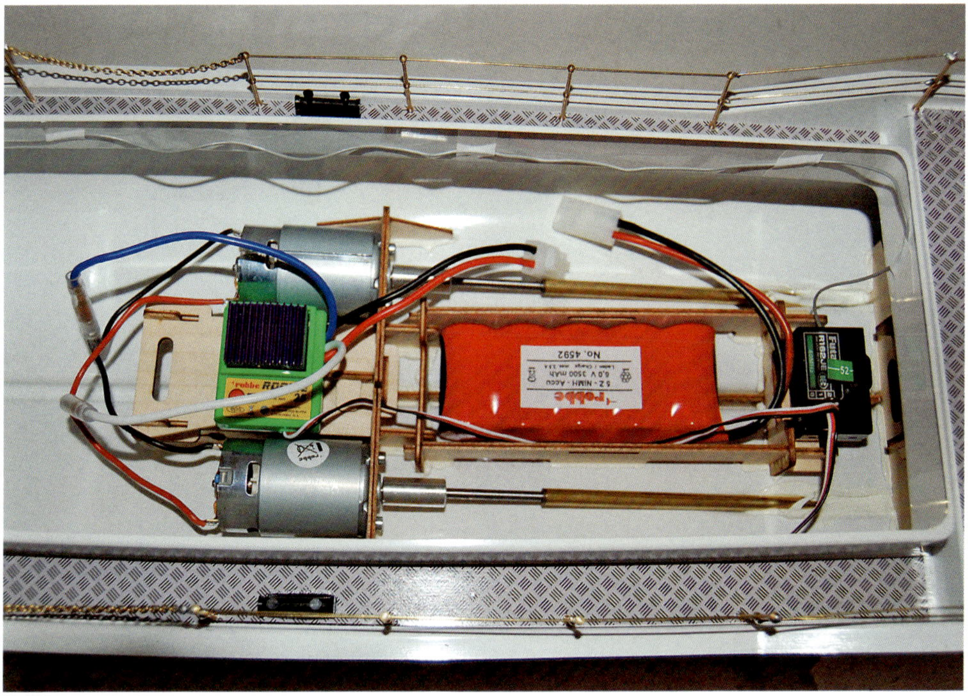

▲ Einbau der RC-Anlage und des Fahrakkus.

► Das Ruderservo wird eingesetzt.

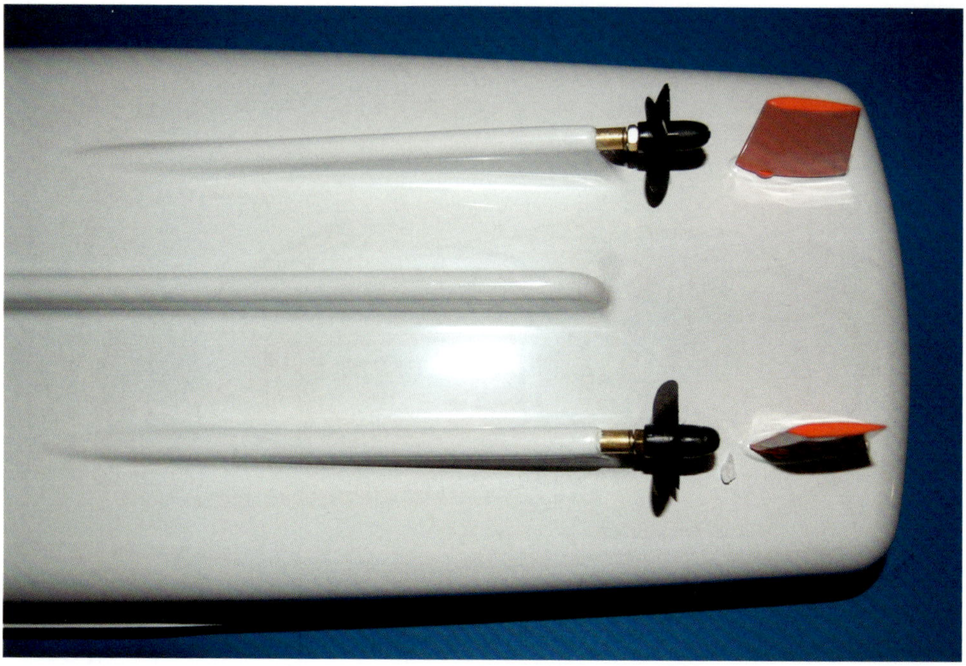

Blick auf die Unterseite des Rumpfes.

und die Positionslichter werden darauf befestigt. Durch die Befestigungsschrauben wird das Dach auf der Kabine festgehalten. Wer will, kann es zusätzlich auch noch ankleben, das ist aber nicht notwendig. Der Mast wird wie in der Bauanleitung angegeben zusammengebaut und am Aufbau festgeschraubt. Lüfterklappen und Lüfter sind anzukleben, die Rettungsringe sind mit je einer Schraube an der Frontseite der Kabine anzubringen. Nachdem der Lukendeckel und die Laufplanke angeklebt sind, ist die Kabine fertig.

Im Heck wird das Ruderservo in die vorbereitete Montageplatte eingeschraubt und die Rudergestänge sind in das Servohorn einzuhängen. Der Empfänger ist gleich am Ende der Akkubox auf der Sperrholzplatte mit Doppelklebeband zu befestigen. Die Empfangsantenne ist an der inneren Süllwand so hoch wie möglich zu verlegen und mit Klebeband zu befestigen. Der Fahrakku lagert in der Akkubox und der Fahrtregler wird auf der Sperrholzplatte vor der Akkubox mit Doppelklebeband angebracht. Vorgesehen ist ein fünfzelliger Fahrakku, die Akkubox ist jedoch so ausgelegt, dass auch ein sechszelliger Fahrakku hineinpasst. Wer sich für einen sechszelligen Akku entscheidet, sollte auf alle Fälle den von robbe vorgeschlagenen Rookie 35 Fahrtregler einbauen. Ist der Funktionstest zufriedenstellend verlaufen, kann der gestanzte Lukendeckel, Teil 27, eingesetzt werden. Nun wird auch das Dekor d4 am Heck über dem Lukendeckel angebracht. Im Bedarfsfall wird das Dekor mit einem scharfen Messer aufgeschnitten und die Luke geöffnet.

Auf den Dekorteilen des Decks sind Markierungen angebracht, wo die einzelnen Relingstützen einzuschrauben sind. Für die Relingzüge ist Takelgarn vorgesehen, das dem Baukasten beiliegt. Das Takelgarn in die kleinen Löcher der Relingstützen einzuführen ist eine langwierige Arbeit, die nicht jedermanns Sache

Das fertige Stromaufsichtsboot.

Gesamtansicht des Modells.

ist. Wer bei dieser Arbeit nicht verzweifeln will, dem rate ich anstatt des Takelgarns 0,8 mm starken Messingdraht zu verwenden.

Als letzte Arbeit werden die Beschläge am Rumpf angebracht. Damit ist das Stromaufsichtsboot fertig. Ein Badewannentest vor der ersten Probefahrt kann nicht schaden.

Die Fahreigenschaften des Modells sind ausgezeichnet. Es lässt sich gut steuern, die Geschwindigkeit ist groß, bei voller Fahrt schiebt sich der Bug aus dem Wasser. Der Drehkreisdurchmesser beträgt etwa drei Meter. Selbst bei voller Fahrt ist die Manövrierfähigkeit Dank der Doppelruderanlage sehr gut. Beim Stopp-Kommando reagiert das Boot augenblicklich. Die ersten Fahrversuche wurden bei kabbelnder See und starkem Wind unternommen. Trotzdem gelangte dank des sehr hohen Süllrandes kein Tropfen Wasser in den Rumpf. Seitlicher Wind macht dem sehr flachen Schiff nichts aus. Das Fahrbild kann sich sehen lassen.

Technische Daten des Stromaufsichtsbootes:
Länge: 900 mm
Breite: 210 mm
Höhe: 280 mm
Verdrängung: 2.500 g

Das Stromaufsichtsboot in Fahrt.

Das Modell in voller Fahrt.

Schlusswort

Liebe Leser, zum Schluss dieses Buches möchte ich noch einige Worte in eigener Sache an Sie richten, denn es ist mein letztes Buch zum Thema Schiffsmodellbau. Viele von Ihnen kennen mich aus anderen Büchern, die in diesem Verlag erschienen sind und aus Berichten der Zeitschrift ModellWerft, die ebenfalls im VTH erscheint.

Es waren viele Jahre, die Sie, liebe Leser, mir treu geblieben sind und ich möchte Ihnen hier an dieser Stelle für Ihr Vertrauen herzlich danken. Danken möchte ich auch den Modellbaufirmen, mit denen ich Jahrzehnte lang bestens zusammengearbeitet habe. Ganz besonderer Dank gebührt den Firmen Conrad Electronic und robbe. Durch meine Mitarbeit beim Conrad-Modellbau-Magazin actuell im AFM-Verlag zusammen mit der Firma robbe ergab sich die Möglichkeit, auch in Buchform auf besondere Modelle einzugehen, wie z. B. hier in diesem Buch auf das Küstenwachboot *Sylt*. Ein Zeitschriftenbeitrag wird gelesen und nachher oftmals weggelegt. Ein Buch hat man stets als Nachschlagewerk zur Hand. In einem Buch kann man auch viel besser auf bestimmte Themen eingehen, so haben meine Leser von mir aus anderen in diesem Verlag erschienenen Büchern etwas über den Einstieg in den RC-Schiffsmodellbau erfahren, sie haben Tips erhalten, wie man aus Bausätzen hervorragende RC-Schiffsmodelle aufbauen kann und ich habe gezeigt, wie man RC-Schiffsmodelle nach eigenen Ideen gestalten und aufbauen kann. Interessant für Revell-Schiffsmodellbauer war meine Idee Plastikschiffsmodelle zu ferngesteuerten Modellen auszubauen. In meinem vorletzten Buch habe ich den Aufbau von RC-Schiffsmodellen mit Jet-Antrieb sowie den Umbau vom Schiffspropeller-Antrieb zum Jet-Antrieb beschrieben.

In diesem letzten Buch gehe ich u. a. auf den Bau des Küstenwachbootes *Sylt* der Firma robbe ein, die das Modell von ihren Ingenieuren nach Originalunterlagen entwickeln lies. Da nach dem Aufbau dieses außergewöhnlichen Modells kein Baukasten von der Firma robbe mehr auf den Markt kam und auch im Conrad-Modellbaukatalog 2012/13 keine robbe-Modelle zu finden sind, gehe ich davon aus, dass die *Sylt* mein letztes gebautes RC-Schiffsmodell war. Der Grund ist folgender. Besieht man sich die neuesten Modellbaukataloge, so wird man feststellen, dass kaum noch Bausatzmodelle angeboten werden. Dafür gibt es jede Menge Fertigmodelle. Das ist nicht mehr mein Stil! Das hat in meinen Augen mit dem wirklichen Modellbau nichts mehr zu tun. Also ist meine Zeit abgelaufen und ich höre nach ca. 70 Jahren Modellbau auf. Wenn keine Modelle mehr gebaut werden, sondern nur noch mit Fertigmodellen gefahren wird, wissen diese Leute gar nicht, was ihnen entgeht. Modellbau bedeutet: Technisches Verständnis und handwerkliche Fähigkeiten erlernen, der Kreativität freien Lauf lassen. Und dann die Freude, etwas Eigenes selbst geschaffen zu haben, werden sie nie erleben.

Sollte es in Zukunft keine Bausätze mehr geben, liebe Leser, halten Sie sich an mein Buch „Kreativer Schiffsmodellbau", das im gleichen Verlag erschienen ist. Dort erfahren Sie, wie man nach eigenen Ideen und Wünschen selbst ein Schiffsmodell entwerfen und aufbauen kann. Das geht zwar etwas schwerer und langsamer als ein Baukastenmodell aufzubauen, da man das ganze Material und jedes Teil selbst beschaffen muss, aber das ist noch richtiger Modellbau. Ein anderer Weg zum eigenen Modell zu kommen, ist, sich einen Bauplan zu beschaffen und danach zu bauen.

Im Januar 2013
Gerhard O. W. Fischer

Quellenverzeichnis

- Die Küstenwache, Informationsschrift der Bundespolizeiinspektion See, Neustadt
- actuell, Conrad-Modellbau-Magazin, AFM-Verlag
- Marineschiffe SAR- und Küstenwachboote von Gerhard O. W. Fischer, Neckar Verlag, Villingen-Schwenningen

+++ 15.4.1912 +++ STRUCK ICEBERG

Peter Davies-Garner

RMS Titanic

Peter Davies-Garner beschreibt in diesem Buch den Bau eines sechs Meter langen Großmodells des berühmtesten Schiffes
der Geschichte im Maßstab 1:48.

Umfang: 256 Seiten
Best.-Nr.: 310 2216
Preis: 39,90 €

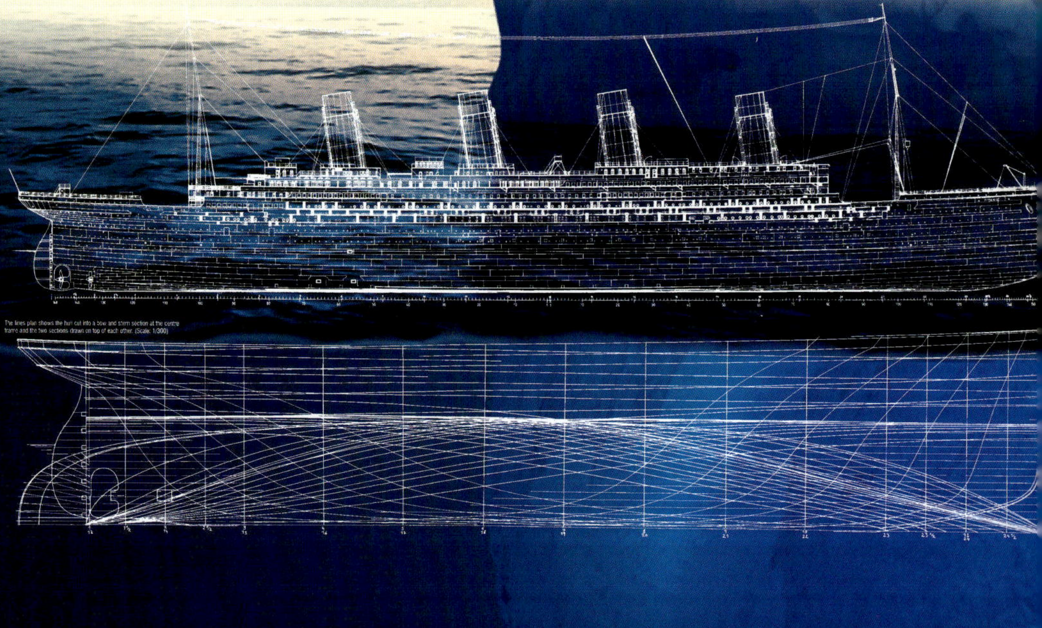

Günther Slansky

Funktionen
im Schiffsmodell

Günther Slansky zeigt Ihnen mit vielen Zeichnungen und Bildern detaillierte elektromechanische Lösungswege bis hin zum kompletten Funktionsaufbau.

Umfang: 176 Seiten **Best.-Nr.: 310 2217**
Preis: 24,– €

Günther Slansky

Schiffsmodellbau nach Bauplänen

Bautechniken und Lösungswege

Günther Slansky beschreibt in diesem Buch allgemeine Bautechniken und Lösungswege für immer wiederkehrende Bauteile, Ausrüstungen, Baugruppen und spezielle Ausrüstungen. Ein unentbehrlicher Ratgeber für Schiffsmodellbauer und Schiffsmodellfreunde.

Umfang: 248 Seiten **Best.-Nr.: 310 2228**
Abbildungen: 328 **Preis: 24,50 €**